航空
氣象學

王寶貫　著

成大出版社
National Cheng Kung University Press

U0153791

目 錄

PART *1*　大氣科學基礎

第 3 章 | 地球—大氣系統的能量平衡與天氣過程 059

第 12 章 │ 氣象雷達 **233**

PART **3** 全球氣候概況

第 13 章 │ 熱帶天氣 **253**

第 15 章 ｜ 太空天氣　**285**

　　2021年初，我應聘到國立成功大學航空太空工程學系（簡稱航太系）任特聘客座講座教授，是成大的NCKU-90計畫中的職位（成大成立於1931年，2021年是90週年）。 成大對客座講座十分禮遇，並未要求必須教課。我2013年開始在中央研究院擔任環境變遷研究中心擔任特聘研究員兼主任，由於行政業務較多，就沒有時間教書。現在既然來到一間大學，能夠把所學教給年輕一代學子一向是我的教授生涯認為是理所當然的任務，所以我就向系上提出教課的意願。第一學期開了一門大氣動力學，第二學期則與闕志哲教授合開了一門航空氣象學（Aviation Meteorology）。台灣的大學近年來推動英語教學，目的是增進學生外語交流能力，以提高國際競爭力，因此校方希望這門課是以英語授課。我此前自1980年起就在美國威斯康辛大學大氣與海洋科學系任教，就是英語授課，因此這個要求對我來說是可以勝任的。

　　現在台灣年輕人的英語程度比起我們的學生時代不可同日而語。那時的台灣不只是社會情況不若現今之國際化，優良的英語教師師資也十分缺乏，而英文課又特別注重文法教學，更重要的聽與講的能力訓練非常少。而南部學校情況比北部的更嚴重。而現在的台灣社會英文訊息頻繁地出現在各式各樣的媒體中，師資也有不少以英語為母語的老師，可想而知學生的英語程度必然大有進步。然而在實際上課中，還是能看到一些學生因語言的隔閡而對講課內容一知半解的茫然眼神，這是因為畢竟台灣日常生活語言並非英語，雖然學生每個字都知道，其深層意義卻非立刻能體會。因而覺得，本地學生還是需要有以本地語言文化為主的教科書和參考書籍才能真正深入了解課程內容，此即為撰寫本書的動機。

　　在介紹本書的寫作過程之前，想先提一件事。我發現台灣學者寫教科書的數量不多，意願也不高，我想其原因之一是教科書不是所謂的peer-reviewed的期刊論文，而學界（尤其是理工學界）的升等或評獎，往往都以出版期刊論文的成績為準；至於教科書多半不怎麼算研究成績，似乎與升等獲獎的關係相當遙遠，覺得CP值不夠高，但這種想法實在太功利了些。我初到威斯康辛大學時，有次跟創辦威大氣象系（後改名為大氣與海洋科學系）的Reid Bryson教授閒聊，他鼓

勵我們寫書，他說：「你寫一篇好的論文也許在幾年內影響幾十個人，讓他們的研究進步了一點；但你如果寫了一本好的教科書，你可以影響一整個世代的學者。」這句話我一直放在心裡。有次在威大工學院某個會議上遇見了化工系的Bob Bird及Ed Lightfoot兩位教授，他們是世界上許多化工學系所奉為聖經的寶典*Transport Phenomena*三位作者中的兩位（另一位Stewart教授當時已過世），而這本書初版是1959年啊！我原以為這樣聲名久著的教科書作者可能不在人世了，想不到竟然出現在我眼前。那本書的影響之大，相信許多化工界人士都會同意，也使我相信Bryson教授的話很有道理。

當然教科書要有影響力，需要費一些苦心經營才行，僅僅拿散亂的講義累積印刷成冊通常是無法達到那種標準的。我在撰寫英文雲物理教科書*Physics and Dynamics of Clouds and Precipitation*（2013年由英國劍橋大學出版）時，努力了一年多，想說應該可以完工了，結果有次在義大利Bologna碰到友人Franco Prodi教授，提到寫書的事。他說：「寫書不是只有把各條目內容交代了事，而必須使得讀者在讀完之後對這門學問產生一個完整新的眼界（vision）。」經他這麼一說，我又把原稿重新琢磨了許久才交出去。

航空氣象學是一門偏於應用面向的大氣科學，傳統的大氣科學系較少開這門課。我在臺大當學生時，有時任民航局氣象台台長的殷來朝先生開過這門課。殷老師的講課內容偏重實務講解，大都和在機場觀測天氣的技術程序及如何執行飛航天氣預報有關，較少及於對航空事業有重大影響的天氣現象的科學解釋。這可能和當時的實際需要有關，畢竟當時那門課就是要訓練未來有志到民航局服務的人員所開設的，而那的確也造就了一批早期的航空氣象人才。另一個原因就是那時對許多重要飛航天氣現象（例如雷暴、亂流及下爆流等）尚缺乏足夠的科學了解，甚至尚未發現。然而時至今日，飛航科技的發展遠超過以往，飛航環境範圍更為擴展，飛機所可能遭遇到的飛航天氣狀況也變得複雜。與此同時，氣象科技也同樣日進千里，天氣氣候資訊量大樣多，除了傳統的地面觀測資訊之外，又有各式各樣的雷達、衛星等遙測資訊。要能看懂現代的氣象資訊而了然於胸，並將之運用於飛航任務中來化解可能遭遇的危機及困難絕非易事。因而除了職業的氣象人員外，航空人員也需要通曉航空氣象學的科學基礎才能掌握運用。這也就是說，現代的航空氣象學課程應當要有更多的航空天氣狀況的科學解說內容。

　　美國是世界上航空事業最發達的國家之一，許多國際通用的航空科學及技術的標準是美國航空界制定的，他們發展航空氣象的歷史也相當悠久。因此我在成大上這門課的教材就是取材於美國聯邦航空總署（Federal Aviation Agency, FAA）所編的《飛航天氣》（*Aviation Weather, Advisory Circular AC-006B*，網上可以取得），類似一本給航空人員使用的基礎氣象知識手冊。FAA最早是在1943年就開始編寫這類手冊，歷經1954、1965年的不同名稱版本，到了1975年的版本就開始稱之為Aviation Weather，而其內容就是提供飛行員必須具有的氣象知識。目前最新的版本是2016年出版的，也是我上課所根據的藍本。它涵蓋了最基本的氣象知識，而且以淺顯的語言闡述了重要的天氣要素、觀測方法及過程的物理，特別是和航空息息相關的方面，是相當好的一份教材。

　　FAA另有出版AC-0045H文件《飛航氣象服務》（*Aviation Weather Service*）以及其他如何應付特殊狀況（如亂流、積冰等）的手冊，則是飛航業務人員所需的氣象資訊服務及作業指南，與本書敘述飛航天氣的氣象學解釋是完全不同的目的，因此也非本書涵蓋的範圍。

　　成大航太系並非是訓練飛行員的機構，而是訓練與飛航科技有關的科學家與工程師，所以直接將上述檔案翻譯成中文書並非最契合的作法，而是應涵蓋更廣泛些的氣象知識，尤其是一些基本的大氣物理，這些對工程人員會有實際用途。另外，本書雖然大致涵蓋與AC-006B類似的氣象學條目，這些條目的解說大部分卻是我用自己的理解方式來敘述，希望台灣學生及其他讀者會比較容易讀懂。當然因為時間比較倉促，也有些部分就直接翻譯了，但希望將來有機會的話可以再做修正。FAA檔案中所舉的天氣及氣候例子絕大多數都是取自美國本土的案例，因為這些例子對美國人而言是耳熟能詳的，台灣讀者卻不一定知道。而本書既然是給台灣的讀者看的，也就採用了許多台灣的天氣氣候個案了。

　　航空氣象學所關心的天氣現象除了一般大氣科學系所經常討論的範疇（例如中緯度氣旋、鋒面、颱風以及各緯度帶的風系及氣候概況等等）之外，還有一些與航空器運作特別有關係的，例如能見度隨著角度及高度的變化、亂流和積冰的現象，空氣密度對飛機起降過程的衝擊等等，這些對飛航安全有重大影響。又由於飛機是在大氣中飛行，對氣壓隨著溫度的變化特別敏感，他們影響了飛機對航高的測定，對飛機的起降有緊密關係，因此對此也須特別詳述。而像下爆流的現

象，本來就是因為調查飛航事故的原因而發現的天氣現象，當然也是不可或缺的討論項目。這些項目不見得會在一般大氣系的天氣學裡討論到，但對航空氣象而言則是十分重要，因此本書也都列入論述。

如前所述，這本書的目的是作為航空氣象學的教科書用途的，當然如果上課是以英語講授的話，則本書可以作為課後的研讀參考。本書雖非一般的科普書籍，但我嘗試用淺顯易懂的語言來解釋氣象現象，只有少量的微分方程（初讀可略去），因此相信也適合作為想要深入了解飛航天氣的航空人員（飛機駕駛員、航管人員、機場觀測人員等），甚至航海人員或其他想要了解大氣對航空器影響的人員的參考資料。

一般的氣象學與航空氣象學各有他們的許多專有名詞，同樣的英文名詞兩方可能翻譯的就不一樣。為求一致起見，本書所採用的大多數是國家教育學院網站所提供的學術名詞翻譯，那裡羅列了各個學門對此名詞的不同翻譯，我盡量採用了我認為最接近氣象部門所用的版本。

本書的插圖很多是由當時擔任航空氣象學課程助教的游茜茹及柯恆鎧兩位同學協助繪製；有些插圖直接採用了FAA、NOAA或NASA的原圖，天氣圖大部分是採用台灣中央氣象局的檔案，照片則大多數是我自己拍攝的。在編輯過程中則有中研院環變中心的周彥良與林和駿兩位博士，以及李崇睿與林清暄兩位助理協助校訂工作，在此特致謝意。與闕志哲教授合開課程的經驗十分愉快，使得課程得以順利進行，與航太系苗君易教授的討論也有許多啟發。同時也感謝成功大學提供了NCKU-90的特聘客座講座，尤其是時任研發長的林財富教授的鼎力支持，得以有機會完成本書，也算是個人對台灣大氣學界的一項回饋。撰寫期間的部分資助來自科技部（現國科會）研究計畫NSTC111-2111-M-001-008、NSTC108-2621-M-001-007-MY3、NSTC111-2122-M-001-001。成大出版社吳儀君小姐提供許多協助，兩位不具名的外審專家也提供了許多建設性的改進意見，在此一併致謝。由於這是本書的第一版，很可能會有些不足或謬誤之處，這點就請海內外專家不吝指教，以期在未來有機會時得以修正改進。

王寶貫

2022年12月於國立成功大學航空太空工程系

王寶貫

　　臺南一中（1967）畢業，國立臺灣大學氣象學學士（1971），美國洛杉磯加州大學（UCLA）之大氣科學碩士（1975）及博士（1978）。1980年赴麥迪遜威斯康辛大學氣象系（後改名大氣與海洋科學系）任助理教授職，於1984、1988年分別升任副教授及正教授。1994-1997年任大氣與海洋科學系系主任，1998-2002年任空氣資源管理學程主任。曾任國立臺灣大學、美國麻省理工學院、UCLA、德國麥因茨大學、德國馬克斯—普朗克化學研究所、義大利費拉拉大學之客座教授、中央研究院環境變遷研究中心主任、美國氣象學會雲物理委員會主席、中華民國氣象學會理事長。現任國立成功大學航空太空工程系特聘客座講座教授及國立臺灣大學大氣科學系特聘研究講座教授。

　　大氣科學領域專長為雲物理學、雲動力學、氣膠物理、計算流體力學及歷史氣候學，發表過一百多篇的論文於國際學術期刊。著有英文學術專書*Ice Microdynamics*（美國Academic Press，2002）、*Physics and Dynamics of Clouds and Precipitation*（英國劍橋大學出版社，2013）、*Motions of Ice Hydrometeors in the Atmosphere*（德國Springer-Nature，2021）；中文專書有教科書《雲物理學》（1997），以及科普書籍《天與地》（1996開卷十大好書）、《洞察》（2002金鼎獎佳作）及《微塵大千》（2005金鼎獎佳作）。

　　曾獲美國Samuel C. Johnson傑出會士獎、德國Alexander von Humboldt資深研究獎、歐洲Nikolai Dotzek研究獎、美國氣象學會會士、中華民國氣象學會會士及中央研究院數理組院士。

第一篇

大氣科學基礎

第 1 章
大氣層的物理化學結構

　　大氣層是包圍在地表之上的一個主要為氣體的物理個體（圖1.1），地表大約由29.2%的陸地及70.8%的海洋面積組成，而直接覆蓋其上的就是大氣層。大氣層的主要成分是空氣，但也還有其他一些比例非常小的非空氣的成分。人類所居住的地方，就是在大氣層的最底部。大氣層所發生的一切，都直接影響人們的生活福祉。空氣品質的良否、天氣氣候的動盪，在在攸關人類的生死存亡，因此我們有必要對大氣層的各種物理化學特性及長短期天氣氣候過程（例如風霜雨雪、颱風雷暴、洪澇乾旱等）詳細研究了解，方能應付大氣變化所造成對人類生活環境的衝擊。

　　對生物來說，天空原來是屬於有翅膀的鳥類的。許多鳥類天生就很會利用大氣的物理特性，在天空中飄浮或飛翔。但人類自從飛行器發明之後，天空也變成了人類的「地盤」，為了要大加利用，於是乎人類也需要學習許多關於大氣的知識，使得天生沒有翅膀的我們可以安全舒適地優游於天空中，因此就有了「航空氣象學」這門學問。人類在更早的時候就掌握了航海的技術，也很早就體會了「風」與「浪」的關聯，而這也就是航海氣象學的起源。總而言之，不但是發生於陸地上的天氣現象，我們對於發生在海上的天氣及發生在天空中的一些大氣運動及物理化學過程也都需要充分了解。

圖1.1　日本Himawari 8氣象衛星在2015年8月21日0210UTC所觀測之地球大氣層
資料來源：JMA/RAMMB/NOAA.

1.1　地球大氣的物理與化學結構

▶ 1.1.1.　大氣化學組成

　　我們一般把大氣主要的組成氣體稱為「空氣」，但是空氣並不是一種單一的化學分子，而是由不同的氣體分子混合而成的。空氣的化學組成比例也不是非常固定，在不同地點、不同高度都會有些差異。本節所指出的成分，僅僅代表大致的平均狀態，至於各層次的特異化學組成，則留待在討論該氣層時說明。除了氣體之外，大氣中也有一些凝態物質——液滴及固體粒子，它們也長期存於大氣之中，也應算是大氣成分的一部分。

　　表1.1是空氣的主要氣體成分列表，分為乾空氣和水氣。所謂乾空氣，就是把空氣中的水分（包含水氣和凝態水）完全排除的空氣。表1.1中可見，氮和氧的體積分別占了約78%及21%，只有剩下約1%為其他乾氣體的總和。第三濃度的氣體是氬氣，是一種惰性氣體，大約0.9%左右，再來是二氧化碳，只占了0.04%（但是上升率卻很可觀，在全球暖化議題上起主導角色，在討論氣候變遷時將會討論）；其餘的氣體占比都很小，而沒有列在表上的更是稀少。這些乾空氣氣體大致分布均勻，在同一高度，他們的濃度都差不多，占比也相近。

　　水氣也是空氣中的稀少氣體，但卻是地球大氣中十分重要的氣體，舉凡雲雨霧露、冰霜雪雹，都是來自水氣。水氣的總質量占大氣總質量的0.25%，但是分布很不均勻，有的地方幾近於0（例如沙漠地帶），而有的地方則水氣豐沛（例如熱帶海洋上空）。以體積濃度而言，水氣占比可從0到4%。氣象學中有很大的一部分是在研究水氣在大氣中的物理及動力過程。我們在第4章會更詳細地談到水氣的物理。

▶ 1.1.2.　永久成分與可變成分

　　如果從氣體在大氣中的駐留時間（residence time）而言，則我們可以將大氣成分分成：（1）永久成分（permanent constituents）、（2）可變成分（variable constituents）。駐留時間指的是某個化學分子（或原子）進入大氣後能夠存留的時間。例如一個水氣分子，它的來源是地面上的水面（液態水或冰）蒸發。一個

被蒸發的水分子進入大氣中，大約7-10天就可能會形成凝結物（雨水或雪花冰粒子等）而落回到地面，所以它的駐留時間大約7-10天。一個氦分子經由放射性同位素蛻變過程產生而進入大氣中，大約要100萬年才能被從大氣中移除（主要是逸出地球大氣之外），所以它的駐留時間就是100萬年左右。

　　顧名思義，永久成分就是駐留時間很長的成分，例如表1.1中的氮、氧及所有的惰性氣體。而可變成分就是駐留時間短的分子，例如水氣。但這裡「長」和「短」的認定卻是視場合而定。二氧化碳及甲烷以氣象學的角度而言幾乎是永久氣體，因為天氣週期大約一個星期左右，而季節變化也就是幾個月，在此期間內，它們幾乎沒有什麼變化。但是以大氣化學角度視之，在考慮氣體的年際變化時，它們的變化就能顯現出來，因此也就可視為是可變成分了。以上的討論主要著重於低層的大氣狀況，大致是低於80 km高度的大氣層。在80 km之上大氣成分會逐漸變化，其組成成分和比例會隨著高度而不同，稍後會討論。

表1.1　空氣的主要成分（依體積排列）

氣體		體積濃度		駐留時間
名稱	分子式	ppmv 單位	%單位	年
氮（Nitrogen）	N2	780,840	78.084	10^6
氧（Oxygen）	O2	209,460	20.946	10^3
氬（Argon）	Ar	9,340	0.9340	$>>10^6$
二氧化碳 （Carbon dioxide） （2020/12）	CO2	415.00	0.041500	5-200
氖（Neon）	Ne	18.18	0.001818	$>>10^6$
氦（Helium）	He	5.24	0.000524	$\sim 10^6$
甲烷（Methane）	CH4	1.87	0.000187	7-10
氪（Krypton）	Kr	1.14	0.000114	$>>10^6$
非乾空氣列氣體				
水氣（Water vapor）	H2O	0-30,000	0-3%	0.019-0.027 （7-10 天）

資料來源：Wikipedia, Article: Atmosphere of Earth.

1.2. 垂直氣壓與密度分布

　　大氣各成分的組成比例雖然相當固定，但氣壓與密度卻隨著高度遞減得相當快。圖1.2是大氣密度隨著高度的變化，圖1.3則是大氣氣壓隨著高度的變化，兩者幾乎都是以指數方式隨著高度而減小。大氣氣壓和密度有直接的關聯，越往高處，空氣密度越小，氣壓也就越小，這個現象全球皆然，所以在氣象學的應用上，常常用氣壓來代替高度來作為垂直座標，在某些討論上比直接用高度來得方便，物理關聯更清楚，這些在討論高空天氣圖時會再提到。

　　空氣密度隨著高度減小，就是一般所說的「高山上空氣稀薄」的現象。登上玉山最高點（3954 m），空氣密度從地面的1.2降到0.8 kg/m^{3}左右，即約地面的66%，故其中的氧氣含量也只剩下66%。氧氣不足，有些人就會產生高山症，最常見的症狀是因缺氧出現頭痛、頭暈、失眠、噁心、嘔吐、厭食、虛弱等非特異性症狀，多數人到達高海拔地區1至12小時後開始出現症狀，症狀2至3天後會隨著身體適應環境而緩解。[1]

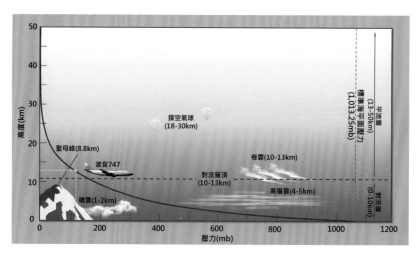

圖1.2　大氣氣壓的垂直分布──隨著高度以指數方式遞減

1　衛生福利部疾病管制（2012），〈高山症〉，https://www.cdc.gov.tw/Category/ListContent/wL- 8Ab-m9o5_5l4gSOR8M5g?uaid=Csksrnww6dJKa8if66lf5g

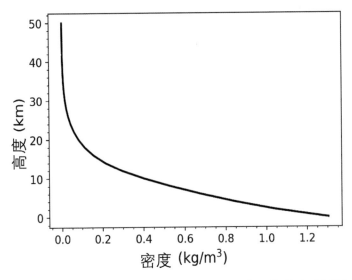

圖1.3　大氣密度的垂直分布——隨著高度以指數方式遞減

1.3.　大氣的垂直分層

　　大氣層僅用肉眼觀察看不出有什麼垂直結構，因為空氣是透明的，你如果在晴朗的白天到外面往上一望，看到的就是藍天，能不能看到「天盡頭」？答案是不能，看不出天有什麼「天頂」。至於晴朗的夜晚，天空也是一片漆黑，月亮和繁星分布其中——古代人甚至不能確定，到底日月星辰是「黏」在天頂上運行，還是「浮」在天空中運行。[2] 大氣層的垂直結構要一直等到現代科學昌明之後，才陸續為科學家一一探索清楚。

　　大氣層的垂直結構有幾種不同的分類法，它們的不同在於所根據的大氣物理性質之不同，以下分別來說明。

2　宋·楊萬里〈八月十二日夜誠齋望月〉：「才近中秋月已清，鴉青幕掛一團冰。忽然覺得今宵月，元不黏天獨自行。」雖然只是詩（因為詩人作詩有時故意裝不懂，不代表楊萬里真不懂），但無疑當時許多人仍然認為，太陽月亮是「麗天而行」，即在天殼子上運行，然而，職業天文學家當然早就知道了，如《晉書·天文志》就有「日月眾星，自然浮生虛空之中」的說法。

▶ 1.3.1. 以溫度結構來分層

　　這是最廣為一般學界所熟悉的分層法——以大氣的垂直溫度分布所呈現的結構來區分不同層次，圖1.4是大氣的垂直溫度分布與根據溫度曲線特徵所分別的層次。

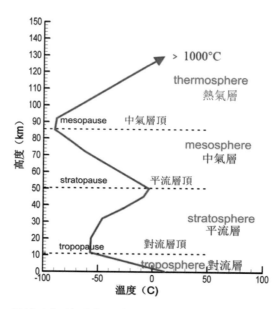

圖1.4　根據大氣的垂直溫度分布曲線所做出的大氣分層結構

1.3.1.1. 對流層（troposphere）

　　對流層是大氣最接近地面的一層，其溫度特徵是由地面的平均15°C往上遞減[3]，到了約10 km高空，溫度達到最低點的大約-56°C，這個平面稱之為**對流層頂**（tropopause）。

　　這個越往上溫度越低的現象也是一般常登山的人們的「常識」，甚至是古人名句「高處不勝寒」的經驗來源。[4] 我們這裡所提的溫度、高度等數值，都只是

3　所謂的「溫度往上遞減」也只是整體而言的平均狀態，在個別時間點的個別層次，偶爾也會有相反的趨勢，這點往後討論「穩定度」時會特別提及。

4　蘇軾〈水調歌頭〉：「明月幾時有？把酒問青天。不知天上宮闕，今夕是何年？我欲乘風歸去，又恐瓊樓玉宇，高處不勝寒。起舞弄清影，何似在人間？轉朱閣，低綺戶，照無眠。不應有恨，何事長向別時圓？人有悲歡離合，月有陰晴圓缺，此事古難全。但願人長久，千里共嬋娟。」

一些大致的平均值，真正的數值其實不但每個地方不同，就是同一個地方在不同時間也會有所變化。熱帶地區的對流層頂高於10 km，赤道地區的對流層頂大約18 km左右。台灣位於亞熱帶，夏季的對流層頂在對流旺盛期可達15-16 km。反之，在高緯度地區，例如北極附近，對流層頂大約只有7 km左右；而中緯度地區其對流層頂就是大約10 km。

對於人類而言，對流層是最重要的一層，因為我們就住在這一層裡，大部分的人類日常活動都在這一層裡進行，陸地上的植物、動物也是生活於這一層裡。幾乎我們日常生活所見的天氣現象，諸如雲、雨、霧、霜、雪、空氣污染，以及劇烈天氣現象的雷暴、龍捲風、颱風等都發生於對流層之內。也就是說，這些現象的垂直高度，頂多就是十幾公里而已，而幾乎很難伸展超過這個高度。世界最高峰的喜馬拉雅山聖母峰標高也就是8848 m而已，完全「沉浸」在對流層之內。

而對流層內之所以會有上述的一些劇烈天氣現象，主要就是因為它的「上冷下熱」的溫度結構[5]，這種結構容易造成對流的生成（因此叫對流層），而上述的劇烈天氣現象都是屬於「深對流風暴」（deep convective storms），具體的對流物理過程往後會再詳細討論。至於為什麼對流層的溫度是越往上越低？原因並不簡單，也會在本章稍後再來討論。

1.3.1.2. 平流層（stratosphere）

在對流層之上是平流層，它的溫度特徵是，先是往上維持大致固定溫度幾公里之後（因此早期有人將此低層稱為**同溫層**[6]），溫度開始往上增溫，直達大約50 km處達到相對最暖面，大約-2至-3 °C左右，即是平流層頂（stratopause），所以平流層的溫度垂直分布和對流層正好相反。這種上熱下冷的情況使得此層的動力特徵是壓制對流，即垂直運動（如對流）很難在此層發生，結果是氣流大致只能水平方向流動，是之謂「平流」。事實上，strato是水平層次的意思，這種溫度結構在對流層被稱之為**逆溫層**（inversion layer）；上熱下冷的層次是個非常穩定的層次（所以不太會有對流風暴，也很難成雲）。

5　另一個重要的因素是，對流層內有足夠的水氣。

6　Stromeyer, C. E. (1908). "The Isothermal Layer of the Atmosphere." *Nature*, 77: 485-486.

　　　　長途的越洋飛機航班通常接近平流層底部飛行（見圖1.2），這裡由於大氣狀況一般十分穩定，飛行過程較不會碰到強風暴雨；但若航線經過風暴區附近，風暴雖然在對流層裡產生，但風暴的擾動卻有可能上傳到平流層裡成為**晴空亂流**，造成顛簸的航程，也可能為飛機帶來危險。晴空亂流是航空氣象學裡的一個重要課題，將在第10章討論。

　　　　在平流層裡通常是晴空萬里、風平浪靜，雲也很少見，有的話也多半是強烈風暴的遺留，一些水平橫掛的殘雲而已。唯有在高緯度的平流層有時會看到有如貝殼內側在陽光下呈現出五彩斑爛顏色的「貝母雲」（nacreous clouds），也稱為「極地平流層雲」（polar stratospheric clouds, PSC）。通常認為這種雲並非一般的由水分組成的雲，而是由氣膠粒子組成的顆粒所成的雲，而氣膠的來源可能和大氣光化學過程有關，在極區最常出現，不過他們的來龍去脈尚未十分清楚。

　　　　大型的氣象氣球可以上升到44 km左右，也就是平流層的中上部分。

1.3.1.3.　中氣層（mesosphere）

　　　　平流層頂之上，溫度又做了一次轉折：從底部的相對溫暖的-2至-3°C往上降溫，直到在85 km處達到-100°C，這是整個地球溫度最低的地方。這一層稱為中氣層，這個名稱的涵義其實很模糊，沒有點出此層有什麼物理特徵。我們對此層下面的平流層，以及其上的熱氣層（見下節）知道的都比這層多些；此層夾在兩個較熟知的層次，也許當初就簡單地把他稱之為中氣層。

　　　　中氣層之所以不為人們所了解，主要在於觀測的困難。飛機和大型氣球到達不了這層，而人造衛星卻又只能在遠高於此層的高空軌道上運轉，因為衛星一旦到這麼低的軌道，很快就會墜落到地面。唯一能夠直接進入此層有效測量及採樣的實驗平台是探空火箭（rocketsondes），但是火箭穿過此層只有幾分鐘時間，收集不到大量數據，何況火箭所費不貲，很難作為日常運作的工具。現有比較長期的觀測資料是透過雷達遙測的方式取得，但遙測資料一方面只能反映少數過程（例如波動），而且它們的物理詮釋須有現場採樣數據才能奏功，而後者目前卻付諸闕如。資料的缺乏使得大氣學界有人將中氣層戲稱為無知層（ignorosphere）。

　　　　中氣層的空氣十分稀薄，在中氣層頂（mesopause，約85 km高度）空氣密度僅僅為地面的百萬分之一左右。在中氣層頂或更高處常常可觀測到氣輝

（airglow）的現象（圖1.5），最常見的是綠色，是在那裡的激發態空氣分子或原子放光造成的。另外還有一種夜光雲（noctilucent clouds）的現象（圖1.6），也是在中氣層發生，通常出現在已經完全入夜時段的高空中。夜光雲是一種氣膠粒子的雲，之所以能「夜光」是因為出現在離地極高的高空裡，地面雖已全黑，高空依然可以照到陽光，因此雲在黑暗的天空背景襯托下會顯得格外光亮。氣膠粒子的來源可能部分來自燃燒分解的隕石，部分來自低層上傳的物質，具體尚未有定論。

圖1.5　國際太空站（International Space Station, ISS）所見之氣輝（上層綠色薄層）

資料來源：NASA/ISS.

圖1.6　捷克布拉格上空的夜光雲（2020.7.5）

資料來源：Martin Setvak.

中氣層的溫度特徵是下暖上冷，和對流層一樣，比較不穩定，因此也就會有對流。有觀測證據顯示，低層上傳的波動在此可能產生碎波的情形。

1.3.1.4.　熱氣層（thermosphere，也譯作增溫層）

中氣層之上，溫度又變為由冷而往上增溫，高處可以有超過1000°C的溫度。這麼高的溫度的確可以稱之為「熱」，不過，這裡的熱純粹是指「高溫」，但是在高溫的氣體中倒是不一定會讓人體感到「熱」，因為要使人覺得熱，還要有足夠的「熱量」。然而在這裡空氣十分稀薄，個別的空氣分子溫度雖高，無奈個數卻很少，一個暴露在熱氣層高空的人，如果沒有任何防護的話，空氣分子打在人體上能傳遞的熱量遠比人體直接輻射散熱到太空中的熱量要小好幾個量級，人體在背向太陽面可能是會凍傷的。

熱氣層的物理與較低的層次很不一樣，一來當然是因為空氣密度非常之低，這裡的空氣分子的平均自由徑（mean free path，一個分子在碰撞到另一個分子之前所行經的自由空間的平均距離）可以從幾百公尺到好幾公里，而在地面空氣密度高時，平均自由徑大約0.06 μm而已，兩者差了10個量級！事實上，在中氣層的上層以上，空氣已經不再是一個均勻的混合氣體，而是依照其中的氣體質量分開為不同層次了（重力分層），此點稍後會提及。具體的熱氣層物理，下面會稍做討論。

熱氣層的空氣分子大部分都已經電離化而成為帶正電或帶負電的離子，這些帶電的離子受到磁場（含地球磁場及太陽磁場）的影響很大。在地球南北極區的熱氣層我們會觀測到「極光」（aurora）的瑰麗天象（圖1.7），就和磁場非常有關，尤其是當太陽活動非常旺盛的時候，強大的太陽磁場擾動也導致了地球磁場的大變動，極光出現的機率變大。

圖1.7　在阿拉斯加拍攝到的北極光

資料來源：Joshua Strang/USAF.

1.3.1.5.　大氣垂直溫度分布的物理原因

　　這一節我們要討論為什麼地球大氣的垂直溫度分布是如同圖1.4所顯示的那樣。眾所周知，太陽輻射是大氣及海洋運動的總來源，依照簡單設想，距太陽越近，溫度應當越高，是故大氣的溫度應當是熱氣層最高，而地面應該最冷；但真正觀測到的溫度分布卻是像圖1.4那樣有許多曲折，這要如何讓解釋？原因主要是因為受到進入大氣層的太陽輻射的影響，太陽輻射是推動大氣及海洋運動的總源頭，因此我們必須了解這些進到大氣層裡的輻射有些什麼成分。圖1.8是太陽輻射的光譜，從圖中我們可見，太陽輻射從短波的輻射（如伽瑪線、X光、紫外線）到可見光，再到長波的紅外線、微波、無線電波都有，但強度最高峰是在可見光的波段。

　　這些不同波長的輻射穿透大氣層的程度不一，基本上，當各波段的太陽輻射到達熱氣層時，大量的短波輻射的能量在這裡被消耗於使分子電離化，以及加強這些粒子的動能，所以這一層很高溫的原因在此，也因而它們只剩下很小部分能繼續往下傳送。最能長驅直入的是可見光，幾乎通行無阻直達地面，而它們又是太陽輻射最強的部分。可見光不會被吸收，同時也代表它們不會使大氣增溫，大氣不會因此變熱，所以可見光不是大氣的「熱源」。紅外線也能部分穿透，部分被吸收，端看是那個紅外波段，但總能量比不上可見光。至於微波和無線電波等

長波大部分也都是可穿透大氣層，但總能量更小。所以這一段論述指出，絕大部分的太陽光是以可見光的形式穿透大氣各層，幾乎沒被吸收而直接抵達地面。[7]

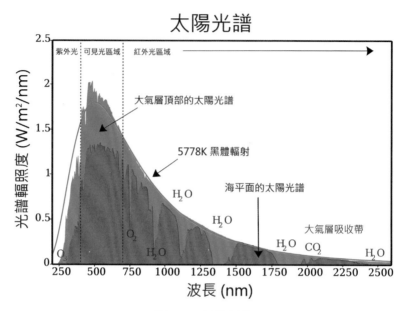

圖1.8　太陽光譜

說明：涵蓋藍色區域之曲線為大氣層頂所測量到的太陽光譜，涵蓋紅色區域的曲線為地面所測量到的太陽光譜。當太陽光通過大氣層時，有許多波段的能量被一些特定氣體（主要是H_2O、CO_2及O_3）吸收，因而大量減少，其他波段則受到影響較小。在大氣層頂的光譜曲線大致可以以5778 K（即大約6000 K）的黑體輻射曲線來近似，第3章將討論黑體輻射。

當這些可見光到達地面（包括陸地及海面）時，地面對可見光卻是不透明的。結果是這些可見光（以及其他波段能達到地面的光）的能量大概有30%被地面直接反射回到空中（但不是馬上回到外太空，中間還會經過一些複雜物理過程），其餘約70%被地面全數吸收。這些被地面吸收的部分會轉化成長波輻射，主要是在紅外線波段（高峰波長約10 μm），從地面向外發射出去，稱之為「地表輻射」（terrestrial radiation）。這紅外波段大部分是熱輻射，而空氣對熱輻射

7　所以站在地面上的人們會覺得大氣是「透明」的，而「透明」是什麼意思？就是可見光可暢通無阻地通過而不被吸收或散射掉。可是大氣層對「非可見光」就不見得是透明的了，而是可能部分透明，甚至不透明了。其實，即使可見光也不是100%透明，不過很接近就是了。

卻不是透明的，而是會加以吸收。在近地面空氣密度大的層次，熱量大都是以對流及傳導方式傳輸。由於地面是「熱源」，當然是離開熱源越遠，溫度越冷，所以在對流層裡離地面越高，溫度越冷，主要就是這個原因。[8]

為什麼到了對流層頂，溫度又不繼續下降，反而是越來越暖，一直暖到平流層頂？這是地球大氣的一個化學特點——地球大氣裡有「臭氧」！[9] 臭氧分子式是 O_3，由三個氧原子構成一個分子，濃度最高是在平流層上部。臭氧的特性之一是它能吸收某些波段的紫外線——UVB，其波長在 0.28-0.32 μm 之間。這個吸收產生了兩個作用：第一是使得對生物有害的 UVB 被平流層的臭氧大量吸收，而不至於長驅直入對流層抵達地面（雖然還是會有些漏網之魚），因而保護了地面上的生物；二是這些臭氧分子因而變熱，使得平流層頂變成一個相對熱區！

因此地球大氣中其實有三個熱源：

（1）太陽極短波輻射——使得熱氣層溫度變得很高
（2）平流層吸收紫外線——使得平流層頂變熱
（3）地面吸收70%太陽輻射轉化成地表熱輻射——使得地面變熱

至於對流層頂和中氣層頂，則是處於這三個熱源的之間，當然就變成是相對冷的層次了，這就是為什麼地球大氣的溫度結構看起來像圖1.4般複雜了。

▶ 1.3.2. 以電離結構來分層

上面討論的垂直分層是以溫度結構為基礎的，也是一般人最熟悉的，然而那不是唯一的分層法。另一種分層法也常被提到，就是以大氣層的電磁特性來作為分層的基礎，這個分層法在地球物理和太空科學上應用得較為廣泛，因為它和高層大氣關係比較密切。前面提過，太陽短波輻射中的X光和UV的光子在高層大

8　山地也是地面，它們吸收了太陽光也應變熱，那為什麼高山上通常還是很冷？這是因為高山的溫度會受到它周遭的冷空氣的影響，使得他們原應有的較高溫度變低了。山上如果風大，溫度會冷的更快；如果沒有風或風很弱，它們白天的溫度一般就不會太低。

9　太陽系的八大行星中，目前只有在地球大氣中探測到有相當濃度的臭氧，這現象和大氣的起源有關。根據目前的大氣起源論，只有地球這特定的環境才能演化出綠色植物，從綠色植物的光合作用過程中累積了大量的自由氧氣，而氧分子是製造臭氧的原材料。

016

氣會和空氣分子碰撞，由於這些光子的高能量[10]，會使得空氣分子被游離化，成為帶正電的正離子及帶負電的負離子或電子，例如：$O_2+hv \rightarrow O_2^+ + e^-$，這個化學式即代表一個氧分子被一個能量夠高的光子碰撞而產生游離狀態，產生一個氧離子（O_2^+）及一個自由電子（e^-）。[11] 這個化學反應如果發生在對流層的話，因為空氣密度大，那個 e^- 很快就會和其他粒子碰撞而被吸收，所以在較低層的大氣，自由電子幾乎量不到。然而在中氣層上層及熱氣層，因為空氣非常稀薄，自由電子要經過較長時間才會碰到另一個粒子而被吸收掉，在那裡可以量測到的 e^- 濃度就高得多，所以自由電子濃度也可以當成是一個垂直分層的基礎。根據自由電子 e^- 的濃度，我們可以將大氣分成如圖1.9所示的層次，圖中也同時指出與溫度分層法對對應的層次：

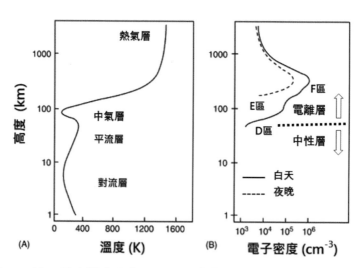

圖1.9　用(A)垂直溫度分布及用(B)自由電子濃度為基礎的大氣分層法

圖1.9中可看到，電子（即自由電子）密度（單位為cm^{-3}）在中氣層頂約為 10^4 cm^{-3}，往上逐漸增加到至 10^6 cm^{-3}，根據這密度分布的轉折特徵，我們可以

10　光子的能量和他們的波長（λ）或頻率（v）有關。首先，電磁波的波長與頻率的關係是 $\lambda=c/v$，而 c 是光速（也就是電磁波速=3×10^8 m/s），所以長波對應低頻而短波對應高頻。一個光子的能量是 $E=hv$，h 是普朗克常數（$6.62607004 \times 10^{-34}$ m^2 kg/s），可見波長越短，頻率越高，每個光子能量越高。

11　自由電子就是沒有被拘束在原子或分子內的電子。

將大氣分為**中性層**（neutrosphere），即從地面起到約80 km高度（接近中氣層頂），其中的空氣成分幾乎都只是沒有電離的中性分子。從80 km起往上到大氣的最頂端稱為**電離層**（ionosphere），其中的空氣離子絕大多數都是呈現電離狀態，正離子和負離子或電子彼此分開頗長的一段時間（但有時也會合併）。

電離層基本上與溫度分層法裡的熱氣層重合，這裡高度很高，因此受到太陽輻射的影響非常大，電離層的結構在有日照的白天和沒有日照的夜晚也很不同。白天太陽的強烈輻射使得電離狀態較為旺盛，自由電子密度較高，結果電離層往下伸展至中氣層內結構也較複雜，產生如圖1.9中的D區（D region），其上則有E區及F區，甚至還可細分為次要層次。晚上則太陽輻射無法射抵低層，電離作用較小，電子密度也較低，產生了圖1.9中虛線所描繪的F區。圖中可見，電子密度的極大值（$\sim 10^6$ cm^{-3}）大致出現在300 km左右的高空。由此往上，白天與黑夜的不同逐漸消失。

電離層中（也就是熱氣層）的空氣分子和中氣層以下的均勻混合狀態的空氣已經有很大的差異，一個明顯的現象就是，在300 km以下，質量較大的分子還有相當密度，但是300 km之上，則主要都是一些質量較小的原子或原子離子，質量較輕，因此能脫離地球重力羈絆的機會也比較大，所以得以分布在大氣的最上層。在此層的最高層，絕大多數粒子就是最輕的元素氫的離子（H$^+$），而事實上氫離子就是質子（proton）p^+，是故這最上層有時也稱之為**質子層**（protonosphere）。

電離層因為離子的密度很大，所以「導電性」（electric conductivity）非常好，而導電性好的後果之一就是整個電離層幾乎就是一個「等電位層」（equipotential layer），就像是一個導電體，它和地面的電位差大約是3×10^5 volts。

由於電離層的導電性，它對某些波段的無線電波有反射作用，特別是高頻HF（high frequency，約3-30 KHz）的無線電波作用較大。對於更高頻的VHF（30-300 MHz）及UHF（300-3000 MHz）的波段則作用較小，如圖1.10所示。

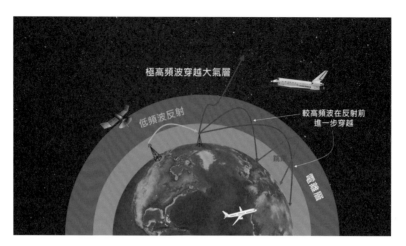

圖1.10　電離層對不同波段的無線電波有不同的作用

　　人類第一次用無線電波做跨洋通訊，就是靠電離層的反射作用幫忙達成的，1901年12月12日由義大利電機工程師馬可尼（Guglielmo Marconi, 1874-1937）所完成的。在此之前，人們已開始利用無線電來通訊，但距離都很短。這一次，馬可尼的研究人員在加拿大紐芬蘭接收到從英國發送出來的第一個橫跨大西洋的無線電信號，依靠的就是這種反射作用。[12]

▶ 1.3.3. 以電動力學特性來分層

　　上述的電離層是以靜電學（electrostatics）的觀點來稱呼的，因為我們只關心到離子和電子的導電特性。電離層的高度可以一直伸展到地球大氣的頂端，那個距離已經是好幾個地球直徑的高空了。但我們應了解，地球是一個有磁場的行星，而磁場對於帶電粒子的行為有很大的影響，因此電離層的高層有時也稱作**磁層**（magnetosphere）。[13] 既然牽涉到了磁場，帶電粒子的討論就會牽涉電動力學（electrodynamics）的範圍了。

12　科學歷史上的事情許多至今都有很多爭議，馬可尼的壯舉當時也受到很多訴訟挑戰，詳情可參考Wiki-pedia, Article: Guglielmo Marconi。馬可尼於1909年獲頒諾貝爾物理獎，1924年被義大利政府（那時候還是王國）封為侯爵，可謂是名利雙收。

13　也有學者把整個電離層都稱為磁層，因為基本上地球磁場在100 km以上的大氣都開始有較大影響。

　　一個帶電荷q的粒子在一個均勻的磁場B裡運動時，不會以直線方式，而是以螺旋形的軌跡繞行前進。這是因為磁場會給這個離子一個和它運動方向垂直的推力，使得這個粒子在往右移動的同時，又被迫在xz平面上做圓圈運動，而直線和圓圈運動合起來就成了螺旋形的移動了。

　　上面說的是在均勻磁場力的運動情況，如果磁場不均勻，則運動軌跡又稍有不同。當粒子移到磁場較強的地方，它轉的圓圈會變小。如果磁場夠強的話，粒子最後會反射回來，開始由右往左移動，就好像碰到一面鏡子一般，是故這個現象叫做磁鏡（magnetic mirror）。如果磁場的結構是兩邊各有一個磁鏡，則這個粒子會在這種磁場裡左右來回運動，而地球磁場恰恰就是這種磁場（圖1.11）。我們看到，在地球南北兩極附近磁力線比較密集，代表磁場較強，而低緯度（熱帶、赤道）上空磁場較弱。[14] 因此有些帶電粒子就在地球磁場的磁鏡作用下，在電離層裡南北來回震盪運動。這種運動顯然並不是等速運動，而帶電粒子在非等速運動時是會發射電磁波的（圖1.12）。

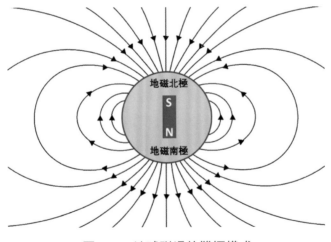

圖1.11　地球磁場的雙極模式

說明：真正的地球磁場比這複雜得多，但是這簡單模式可以提供許多簡潔的理論思考。

14　地球磁場的南北極也大致靠近地球地理南北極，但並非重合，而且地球磁場有時會有地磁反轉現象磁場南北極反轉，使得地磁北（南）極位於地理南（北）極附近。

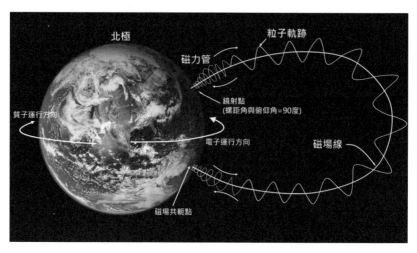

圖1.12　帶電粒子在地球磁場的「磁鏡」作用下，會以螺旋形軌跡在地磁南北兩極
間來回震盪，同時也發射出相應的電磁波（無線電波）

1.4. 領空與卡門線

前幾節討論了大氣層的垂直結構，這裡我們要提一個大家常聽到的名詞「領空」（air space）。一般的常識是認為，領空就是一個主權國家領土（包括領海）的「上空」——問題是所謂上空是到無限高的高空嗎？顯然不是。但弔詭的是，至今並沒有一個明確的國際法規來界定所謂領空的高度，倒是有一個有流體力學家馮卡門[15] 提出的一個分界線，稱之為**卡門線**（Kármán line）常被拿來參考。馮卡門曾做過計算，認為在83.6 km（51.9 mi）高度附近，由於空氣過於稀薄，以熱引擎（heat engine，例如螺旋槳或噴射飛機的引擎）作為動力的飛行器難以在此高度產生足夠支持航空飛行的升力。因為沒有足夠空氣來與燃料混合燃燒，是故熱引擎航空飛行是不可能的，這個高度大約在中氣層頂的高度。

國際上有許多組織把卡門線作為分隔大氣層和「太空」的分界線，在這之下

15　馮卡門（Theodore von Karman, 1881-1963）， 匈牙利裔美國工程師和物理學家，空氣動力學和航空技術之權威，美國噴射推進實驗室（JPL）的創始人，德國力學家普蘭陀（Ludwig Prantl, 1875-1953）的學生。

是普通的大氣層，而在這之上則當作是太空，這當然也是為名稱上方便，因為如同我們前面所說的，中氣層頂上的熱氣層也仍舊是地球大氣的一部分。不同組織對卡門線的認定也不一致，國際航空聯合會（Fédération Aéronautique Internationale, FAI，負責國際的航空太空標準制定、記錄保存的機構）目前認為卡門線位於海拔100 km（62 mi）處，來作為大氣層和太空的界線；但美國空軍和美國國家航空暨太空總署NASA則將大氣層和太空的界線定義為80 km（50 mi）。

附錄A.1　氣壓和密度的關係

　　大氣的氣壓與密度兩者的關係，可以從所謂的理想氣體定律（ideal gas law）看出空氣的物理特性大致符合理想氣體定律如下：

$$p = \rho RT \tag{A.1}$$

　　其中p是氣壓（單位為hPa〔百帕〕，稍早的文獻則用mb〔毫巴〕。1 hPa=1 mb），ρ是空氣密度（單位kg/m^3），R乾空氣氣體常數=287.058 J/(kg·K)，T是溫度（單位K，絕對溫度，即攝氏溫度加上273.15）。由（A.1）式可知，如果T是常數的話，則氣壓和密度是直接成正比。當然實際上，溫度不是常數而是會隨著高度變動的，所以p跟ρ不是真的成正比，而是必須考慮溫度的影響。但是一般而言，我們越往高處走，空氣密度越低，氣壓也越小，因為氣壓本來就是因為空氣分子的運動所造成的。密度越大表示空氣分子數量越多，在一定溫度之下，他們對某個平面的撞擊力道也越大，每單位面積所受到的力道大小就是氣壓。如果一個地方根本就是真空沒有空氣分子（密度=0），撞擊力道也只能是0，氣壓當然也就是0。

　　有時候，一些慣常對物理定律的「俗語」解說會造成誤解。比如說，我們常聽到人們說「熱空氣比較輕，冷空氣比較重，所以熱氣球中的熱氣比較輕，因此會上升」，這句話的前提是「**在氣壓相等的條件下**」，那麼從（A.1）式中就可看出，T大的話，ρ就必須較小（所以較輕），反之亦然。如果氣壓並不相等，則「熱空氣較輕」的說法就不能成立了。

第 2 章
氣象要素的基礎物理及觀測

　　為了全盤了解即時的天氣狀況並進行天氣預報，第一要務就是收集氣象資料。氣象資料非常多種，而各有其重要性，其中最為各行各業所共通需要的是：（1）溫度、（2）氣壓、（3）濕度、（4）風。這四個要素的觀測數據是聯合國世界氣象組織（World Meteorological Organization, WMO）規定各WMO會員進行地面及探空觀測時是必須提供的，因此目前一般的氣象觀測站都會把這四個氣象要素列為觀測重點。關於探空觀測我們在稍後會再詳細說明，地面觀測更要觀測目視天氣現象，例如雲屬及雲量及其他天氣現象（例如霧、霾）。在這一章，我們要先討論這四個氣象要素的基礎物理，因為唯有徹底了解他們背後的物理意義，我們才能夠正確地理解並使用這些數據。

2.1 　溫度（Temperature）

　　一般人對溫度都自認為非常熟悉，溫度高代表天氣熱，溫度低代表天氣冷，但是絕大多數都不知道溫度背後代表的物理意義。從普通的溫度計測溫說起，首先，我們通常用的溫度計有兩種溫標刻度，一種是**攝氏溫標**（Celsius[16] scale，符號為°C），一種是**華氏溫標**（Fahrenheit[17] scale，符號為°F）。攝氏溫標將水在1大氣壓情況下的沸點（boiling point）定為100°C，而水的冰點（freezing point）則定為0°C，剛好相差一百度，所以也稱為百度溫標（centigrade scale）；而華氏溫標則訂水的沸點為212°F，冰點為32°F。當今世界上大多數國家（包括台灣）用的是攝氏溫標，用華氏溫標的主要國家只有美國一國（其他諸如巴哈馬、開曼群島、帛琉等）。

16　攝爾修斯（Anders Celsius, 1701-1744）是瑞典天文學家，1742年制定攝氏溫標。不過他當初是訂1大氣壓下，水的沸點為0°C，而冰點為100°C，1745年瑞典植物學家林奈才將之反轉過來。

17　華倫海特（Daniel Gabriel Fahrenheit, 1686-1736），出生於但澤市（今天的波蘭格但斯克）的德裔荷蘭物理學家，水銀溫度計的發明人。

攝氏度數與華氏度數的互換公式是

$$°C=\frac{5}{9}(°F-32)$$

$$°F=\frac{5}{9}(°C)+32$$

（2.1）

　　另外還有一個日常生活幾乎不會用到，但科學上（尤其是物理與化學）一定會用到的溫標叫**凱氏溫標**（Kelvin[18] scale），它是個以攝氏溫標為基礎的溫標，即攝氏溫度加上273.15。例如水的沸點是100+273.15=373.15 K，而水的冰點則是0+273.15=273.15 K。注意，凱氏溫標不用度數符號（°），唸的時候也不讀「度」，例如直接就是讀100K（英文就是one hundred K）。在做真正的科學計算時，溫度都是用凱氏溫標的值。

　　攝氏零下273.15度（-273.15°C）是凱氏溫標零度（0 K），這個溫度在物理上稱為「絕對零度」（absolute zero），它的意義就是：這是物理上可能有的最低溫度，沒有可能有比這個更低的溫度了。目前在實驗室中已有可能把一個物質冷卻到只比絕對零度高不到一億分之一度，但是理論上是不可能達到0K的。但是這麼冷的「溫度」到底又是什麼意義？這就是下一節要討論的。

2.2　溫度的物理意義

　　19世紀末的物理學界把溫度的物理意義做了很透徹的研究，發現溫度代表的其實是物體的組成粒子（分子或原子）的**平均動能**（mean kinetic energy）。以空氣而言，空氣的溫度（氣溫）就是空氣分子平均動能的一個外在「指標」。

　　一個質量為m，速度為v（所以速率為v）的粒子，其動能（kinetic energy, KE）為

$$KE=(1/2)mv^2$$

（2.2）

18　凱爾文（Lord Kelvin，原名William Thomson, 1824-1907，Kelvin是他封爵後的爵號），英國物理學家與數學家，對古典物理學有巨大貢獻。

以一群空氣分子而言，它們都有相同的質量，所以只要某個分子的速率越大，它的動能也就越大。

　　在地球表面，我們周遭空氣密度很大，在一個安靜無風的室中隨便用手一揮，手掌就可能碰上幾十億個空氣分子，這麼多的空氣分子當然不可能都是以同樣速率在移動，而是有的非常快，有的非常慢，林林總總的速率都有，方向也一定十分混亂。然而這樣一個極度混亂的系統反而可以用簡潔的數學公式來表達它們的動能或速率的分布，這便是有名的馬克士威爾[19] —波茲曼[20] 分布（Maxwell-Boltzmann distribution），這個分布畫成曲線便是圖2.1。

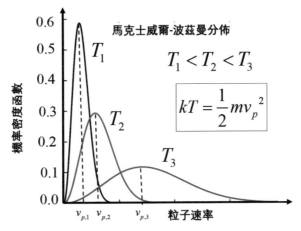

圖2.1　氣體分子的運動速率的機率符合馬克士威爾—波茲曼分布。其最大可能速率vp所代表的動能即是溫度的意義。

這組曲線指出，在不同溫度情況下，分子速率分布的「型態」都類似，但寬窄不同，最高點也不一樣。溫度低的時候（如曲線T_1），有很高比率的分子有相近的速率，所以曲線較窄；相反地，當溫度較高時（如曲線T_3），分子彼此速率差異較大，高速運動的分子其比率變高，曲線變寬。分子彼此速率有較多的不同，高速運動的分子比率也變高。

19　馬克士威爾（James Clerk Maxwell, 1831-1879），蘇格蘭數學家及物理學家，熱力學及古典電磁學的奠基者，理論物理學的主要宗師之一。

20　波茲曼（Ludwig Boltzmann, 1844-1906），奧地利物理學家，統計力學與熱力學的奠基者。

在曲線最高點的速率代表分子最有可能的速率v_p。它和溫度的關係是

$$v_p = \sqrt{\frac{2kT}{m}}$$　　　　　　（2.3）

而平均速率（採用均方根）則是

$$\bar{v} = \sqrt{\langle v^2 \rangle} = \sqrt{\frac{3kT}{m}} = \sqrt{\frac{3}{2}}\, v_p$$　　　　　　（2.4）

溫度則是

$$T = \frac{m\langle v^2 \rangle}{3k} : \frac{mv_p^2}{2k}$$　　　　　　（2.5）

無論從那個速率來看，溫度就是和分子的平均動能成正比。

　　溫度代表的既然是分子的動能，那麼我們就容易理解溫度量測是怎麼回事了。圖2.2是一個用溫度計量測氣溫[21] 的概念圖。

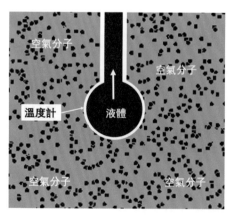

圖2.2　暗色代表測溫度用的液體（例如水銀或酒精）裝在玻璃管內，周遭隨機黑點代表運動中的空氣分子。

21　量測其他物體（如人體）的溫度也可以用同樣的概念。

　　從圖2.2中可以看到，一個裝有液體的溫度計曝露在空氣中，空氣分子不停地撞擊溫度計的玻璃管，透過玻璃管和液體交換能量。如果空氣溫度高些，那麼它們傳給液體的淨動能會是正值，因此液體分子動能變高，也就是變熱。在同樣氣壓下，變熱的液體體積也會變大，因而使得管內的液體往上升，當空氣和液體達到**熱平衡**（thermal equilibrium）時，兩邊溫度一樣，液體停止上升，我們就可以讀出比以前高的溫度。如果原先空氣溫度較冷，那麼結果剛好相反，是液體失去了能量給空氣，結果管內液體高度下降，顯示較冷的溫度。

　　用水銀或酒精溫度計量測氣溫只是眾多方法中的一種，還有其他許多方法可以量測氣溫，而且用起來也往往比較方便，但還是都需要經過水銀溫度計的校正才能準確使用。這些其他方法中，**熱電偶**（thermocouple）是比較常見的一種。它是利用兩個不同金屬的兩端點相接時，在端點會自動產生電位差（通俗名稱叫電壓），這電位差的大小和金屬的溫度有關，因而也就可以拿來作為量測氣溫的基礎。另外，有些金屬的電阻也和溫度有一對一的簡單關係，因為也有用金屬電阻為基礎來測溫度的儀器，稱為**電阻測溫器**（resistance temperature detector, RTD）。

　　而熱的物體會發出輻射，其波段在紅外線範圍，因此我們也可以直接用測紅外線來量測溫度。

2.3　高層大氣溫度的意義

　　在第1章我們提過，熱氣層的中高層次溫度可能非常高，可達1000-2000 K以上。氣溫1000 K是什麼概念？假如有人在毫無防護裝備的情況下突然曝露在這樣的熱層中，他會被這樣的1000 K的高溫灼傷致死嗎？答案是恰恰相反，此人有可能是會被急速冷凍。為什麼呢？在這個高空，空氣已經非常稀薄，一個空氣分子和另一個空氣分子的距離可能是幾公里以上。即使這個人被一個1000 K的空氣分子所擊中，那分子所帶的總熱量也實在太少，對人體的加熱幾乎毫無作用。反之，人體曝露在這樣幾乎真空的大氣層是，身上的熱量會毫無阻擋地以紅外線的方式輻射出去，不用多久，體溫就會急劇降低，以致凍結。所以溫度和總熱量究竟還是不能混為一談的。

在如此稀薄的空氣中，想用傳統的水銀溫度計來量測空氣溫度是不切實際的，因為溫度計和空氣不可能（至少在短時間內）如在低層大氣一般達到熱平衡，所以這裡的所謂溫度，只能是去直接量測分子的動能了。因為一般民航是不會到這種層次飛行的，所以我們就不擬詳論了。

2.4 ## 氣壓（Atmospheric Pressure）

氣壓是一種壓強（pressure），而壓強p的定義是每單位面積A的作用力F：

$$p=F/A \qquad (2.6)$$

力本來是個向量，但上式中我們只在乎它的大小而已，所以氣壓只是個「純量」，沒有方向。我們在第1章已經說過，大氣的氣壓以指數形式隨著高度遞減，為什麼？這是因為產生在某一層的氣壓的作用力就是在那一層之上的空氣重力——也就是重量，重量本來就是一種力（見圖2.3）。層次越高，在它上面的空氣重量越少，F也就越小，當然p也就越小。

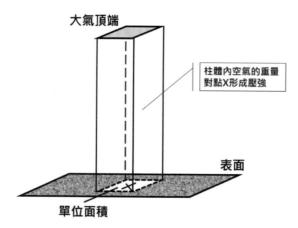

圖2.3　在X形面積上的氣壓等於它上面的空氣總重量（即重力）除以面積

所以一個站在地面的人頭頂上的氣壓有多大？只要計算那人頭上所有空氣的總重量除以他頭頂的截面積就是他頭上的氣壓大小。人類因為一出生就在大氣中，身體結構早就適應地面的氣壓，不會自覺地感受到氣壓的存在，一直到義大

利物理學家托里切利[22] 發明了氣壓計（barometer），公開展示氣壓的效應，人們才了解，原來空氣有重量而且會產生壓強。

2.5　氣壓計原理

托里切利的氣壓計作用原理如圖2.4所示。

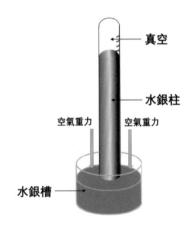

圖2.4　托里切利的氣壓計作用原理

　　這個儀器基本上就是一個開口而盛著水銀的器皿，水銀面是曝露在空氣中，而中間則是一根倒立的玻璃管，玻璃管的下端是開口的，但上端則是封閉的。這只要拿一根玻璃管（要夠長，如1 m左右），把它盛上水銀（不必盛滿），然後將它倒立植於水銀槽中。玻璃管中原有空氣會在管倒立時被水銀擠出去，而管子上端的空間則是真空（有時稱為托里切利真空），其中沒有空氣。這時注意管中水銀高度——它竟然不會下降到和槽中水銀面一樣的高度，而是下降了一些，然後就停留在某一高度不再繼續往下降。為什麼？

　　原來槽中的水銀面上的空氣的重量壓在水銀面上產生氣壓，這個壓強會迫使管中的水銀柱的高度高於槽中的水銀，因為管中的水銀上面沒有氣壓（沒有空氣）來把水銀壓下去。這個現象使得托里切利證實了，我們人類（和其他生物）

22　托里切利（Evangelista Torricelli, 1608-1647），義大利物理學家，氣壓計的發明人，是義大利物理學家伽利略的學生。

是生活在一個茫茫的「氣海」（sea of air）之中，而在此之前人們並沒有了解感受到這個氣海的存在。

如果玻璃管頂端不是封閉，而是開口的，那麼管中水銀柱會立即下降到和槽中水銀同一高度，為什麼？因為管中水銀上部不再是真空，和槽中水銀遭受同樣的氣壓，因此它的高度就會和槽中水銀面一樣。

水銀氣壓計是測量氣壓的標準儀器，但是它顯然並不適合安置在飛行器裡。現在通行的是**空盒氣壓計**（aneroid barometer），它的原理是裡面有個抽了部分真空的空盒，這個空盒是彈性金屬作成。當它暴露在比盒內高的氣壓時，盒子會被壓縮而變形，而空盒與指針是連動的，空盒的壓縮使指針被牽動指向高值。反之，當外面氣壓低於空盒時，空盒會膨脹而使指針指向低值。

氣壓的單位很多種。它最早單位是圖2.4中管內水銀柱的毫米高度，符號是mmHg（Hg是水銀的化學符號），在海平面大氣氣壓平均是760 mmHg。航空界也常用inHg，即水銀柱的英吋高度。但是現在公制是用Pascal（Pa，帕），傳統氣象界則用bar（b，巴），物理化學界也常用atmosphere（atm，大氣壓）。Pa太小，因此通常用hPa（hectoPascal，百帕）來代替；然而Bar又太大，通常用mb（millibar，毫巴）來代替。在海平面標準狀況下，它們的數值如下：

$$1 \text{ atm} = 760 \text{ mmHg} = 29.92 \text{ inHg} = 1013.25 \text{ mb} = 1013.25 \text{ hPa} \qquad (2.7)$$

上式的值就是所謂的標準大氣壓值。實際上，即使在海平面高度，不同地點氣壓會有不同，而同一地點在不同時間也會有很大的變化，當然那就是為什麼需要到處設立氣象觀測站的原因了。

2.6 高度表（Altimeter）

飛機上用來測量飛行高度的儀器叫做高度表就是一個空盒氣壓計，只不過儀表板的刻度設計改成了是指示高度而非氣壓。為什麼能用測量到的氣壓來指示高度？這是因為在大氣中，氣壓與高度有個非常穩定的一對一的對應關係，叫做氣壓計原理（barometric law）。這個原理指出，在某一個高度z的氣壓值p和在另一個參考高度z_0的氣壓值p_0之間，有一個指數式的關係。我們用一個最簡單的版本

來說明：

$$p = p_0 \exp\left[-\frac{(z-z_0)}{H} \right] \tag{2.8}$$

其中 H 叫做尺度高（scale height），其定義是

$$H = \frac{kT}{mg} \tag{2.9}$$

上式中 k 是波茲曼常數（Boltzmann constant $= 1.38064852 \times 10^{-23}$ m^2 kg s^{-2} K^{-1}），T 是兩層之間的平均溫度，而需用凱氏溫標 K 的值來代入。m 是空氣的分子質量，g 是重力加速度（≈ 9.8 m s^{-2}）。（2.8）式就是氣壓計原理，它指出，氣壓隨著高度做指數式的遞減，越到高空，氣壓越稀薄。這個式子只是個理想式，真正用來計算以便設計儀器內建指標多半會用經驗式，但氣壓隨著高度做指數式遞減的事實依舊不變。

　　不過從量到 p 要求得 z，還要知道 p_0 和 z_0 才行，而那就需要有人觀測了。通常我們把參考高度 z_0 設定為地面（某地的地面，不一定是海平面）高度（所以 $z_0=0$），而 p_0 就是地面氣壓。假設一個飛行員在飛近某個機場時，想要請求降落，他測得機外氣壓是 p，想要知道他飛機目前高度以便準備降落，必須先打電話給機場氣象站，問他們現在機場地面的氣壓 p_0 是多少，這就是所謂的**高度表撥定值**（altimeter setting）。得到答案後，他便可以在高度表上的小窗（叫 Kollsman window，不同高度表會有不同設計）調整為 p_0 值，而高度表就會指出飛機目前的高度了。

　　高度表之所以能如此操作，主要是大氣氣壓隨著高度的變化的確十分貼近氣壓計原理，但偶然會有些小例外，這就是在有強烈對流風暴系統附近[23]，那時候氣壓隨高度的變化會與氣壓計原理有較大的差異，當然在那種天氣狀況下飛行本來就要特別小心的。

23　氣壓計原理的基礎設定之一是大氣需處於流體靜力平衡狀態。大氣層大多數時候都符合這個假設，但在強烈對流風暴時，那些地點會偏離流體靜力平衡多些。

氣壓是氣象預報最重要的資料，氣象觀測資料都需先繪成天氣圖（weather maps）以便給預報人員作分析，而天氣圖上最顯著的圖形表示等壓線圖，它們當然就是根據氣壓資料繪成的。

2.7　濕度（Humidity）

濕度這個詞是用來指水蒸氣（以下簡稱水氣）在空氣中的含量，其定義並不包括空氣中凝結態的液態水或冰粒子。我們在第1章說過，水氣在空氣中總量很少，可是在天氣過程扮演的角色卻是非常大，所以我們必須對它充分了解。首先，我們必須了解兩種不同的濕度指標：（1）**絕對濕度**（absolute humidity）；（2）**相對濕度**（relative humidity）。我們在這裡尤其要分別濕空氣及乾空氣；前者是含水氣在內的空氣，我們下面若只提空氣，那就是指濕空氣；而後者是不含水氣的空氣，我們會特別說「乾空氣」來指明。

▶ 2.7.1　絕對濕度

絕對濕度指的是水氣在大氣中的真實量，而它可以有幾種表達法。我們可以用水氣密度ρ_v，即每單位體積的空氣中含有多少質量的水氣。例如ρ_v=5 g m^{-3}（每立方米空氣有5公克水氣），這是相當乾燥地區的空氣；潮濕地區的地面水氣密度有可能超過20 g m^{-3}。

另一種表達絕對濕度的方式是**混合比**w（mixing ratio），即同體積內水氣質量m_v（或密度）對乾空氣質量m_d（密度ρ_d）的比值：

$$W = \frac{m_v}{m_d} = \frac{\rho_v}{\rho_d} \tag{2.10}$$

典型的w值大約是20 g kg^{-1}，用g kg^{-1}這種單位是因為通常乾空氣質量比水氣要大得多，大氣中w值很少會超過40 g kg^{-1}。

比濕（specific humidity）q是另一種絕對濕度的表達。它是每單位質量空氣（乾空氣+水氣）裡的水氣質量：

$$q = \frac{m_v}{m_v + m_d} \qquad (2.11)$$

比較（2.10）和（2.11），可知混合比與比濕的值不會相差太遠。

　　絕對濕度基本上是一個地區的氣候狀態。台灣的絕對濕度即使在所謂的乾旱期也不會低到像沙漠裡那樣，只是那濕度不夠大到產生降雨。而沙漠地區，像北非的沙哈拉沙漠，那絕對濕度不論用那個表達法都是非常非常低。

2.7.1.1.　蒸氣壓（vapor pressure）

　　另一個表達絕對濕度的量是**蒸氣壓**。之前提過，在大氣中密度和氣壓幾乎有同樣的意義：空氣密度高的地方氣壓也較高，反之亦然。水氣也是大氣組成氣體成分之一，也具有同樣性質。根據達爾頓定律（Dalton's law），一個混合氣體的氣壓，是它的個成分氣體的部分氣壓的總和，所以水氣也貢獻了一部分氣壓，稱為蒸氣壓（vapor pressure）。絕對濕度大的地方，水氣密度較高，蒸氣壓也就較高。當然，水氣量比乾空氣要少得多，蒸氣壓自然也比乾空氣壓小得多。

2.7.2.1.　飽和蒸氣壓（saturation vapor pressure）

　　在地球的自然環境（包含地面、大氣與海洋）中，氣溫範圍大約在60°C至-100°C[24] 左右，而在這樣的大氣環境裡，那麼多的化學氣體裡面，只有一個獨特的化學分子——水分子——能夠以三個相態（氣態、液態、固態）出現在大氣中！大氣中水氣的絕對濕度的特點就是它可能在上述的溫度範圍裡達到「飽和」（saturation）。所謂飽和，就是在特定溫度T時，某個氣體在這個大氣環境中可以有的最大濃度值。一旦氣體濃度超過這個值，理論上那些超過的部分就要凝結成液態或固態。[25] 而大氣中，就只有水分子有足夠的濃度（即是絕對濕度）能夠在上述溫度範圍內到到飽和而凝結，而這個達到飽和所需有的蒸氣壓叫做**飽和蒸氣壓**（saturation vapor pressure）。

24　世界最高溫記錄是美國加州的死谷在1913年的56.7°C。最冷的溫度記錄是在南極洲1983年的-89.2°C，雖則近年來有非直接的證據顯示南極高山上可能冷達-94°C。我們不排除中氣層頂有可能更冷，姑且把最冷的可能性頂在-100°C。

25　實際上是，往往有所謂「過飽和」（supersaturation）的例外，不過基本理論是一旦飽和就會凝結。

水的飽和蒸氣壓隨著溫度遞增，一如表2.1所示。所以當溫度越高時，水氣的濃度（以蒸氣壓來表達）必須越高才能到飽和。而當溫度較低時，只要少許蒸氣壓就能達到飽和。

表2.1　水的飽和蒸氣壓（0~100°C）

T(°C)	T(°F)	P(kPa)	P(torr)	P(atm)
0	32	0.6113	4.5851	0.0060
5	41	0.8726	6.5450	0.0086
10	50	1.2281	9.2115	0.0121
15	59	1.7056	12.7931	0.0168
20	68	2.3388	17.5424	0.0231
25	77	3.1690	23.7695	0.0313
30	86	4.2455	31.8439	0.0419
35	95	5.6267	42.2037	0.0555
40	104	7.3814	55.3651	0.0728
45	113	9.5898	71.9294	0.0946
50	122	12.3440	92.5876	0.1218
55	131	15.7520	118.1497	0.1555
60	140	19.9320	149.5023	0.1967
65	149	25.0220	187.6804	0.2469
70	158	31.1760	233.8392	0.3077
75	167	38.5630	289.2463	0.3806
80	176	47.3730	355.3267	0.4675
85	185	57.8150	433.6482	0.5706
90	194	70.1170	525.9208	0.6920
95	203	84.5290	634.0196	0.8342
100	212	101.3200	759.9625	1.0000

資料來源：Wikipedia, Article: Vapour pressure of water.

上表中，我們看到在100°C時，水面的飽和蒸氣壓正好是1大氣壓（~760 mmHg），如果空氣的氣壓也是1大氣壓的話，此時就是水會沸騰的溫度（稱為沸

點）。但如果我們到高山上，則一般氣壓比平地低得多，例如3000米的高山氣壓約為530 mmHg左右，我們燒開水只燒到90°C左右水面飽和蒸氣壓就達到這個氣壓，水就開始沸騰了。

▶ 2.7.2. 相對濕度（relative humidity）

對於天氣預報員來說，預報今天或明天會不會下雨，常常比預報今天每立方米空氣中有幾公克水氣要重要得多，而下不下雨和空氣是否接近飽和比較直接有關，而和絕對濕度關係較為間接。於是氣象學家設計了一個新的濕度指標——**相對濕度**。他是這樣定義的：

$$RH = \frac{e}{e_{sat}} \times 100\% \qquad (2.12)$$

上式中e代表大氣中真實的蒸氣壓，而e_{sat}則代表飽和蒸氣壓。如果e只有e_{sat}的一半，則（2.12）告訴我們RH=50%。如果$e=e_{sat}$，那就代表大氣中現有的水氣濃度正好達到飽和，RH=100%，代表天氣應該快要或者正在下雨了。一般天氣預報中經常提到的濕度，大都是相對濕度。

台灣氣候的特點是終年高溫高濕，通常水氣含量就很高，但是因為高溫的關係，要使得水氣飽和所需的飽和蒸氣壓很高，所以相對濕度雖也不低，卻距離飽和還遠得很，這種情況持續久了，就是天氣悶熱，卻不下雨，就成了旱災。而冬季（尤其是台灣北部）氣溫減低，絕對濕度稍小，但相對濕度變大，濕冷的天氣會讓人難受。至於高緯度地區，冬季其實絕對濕度很小，但因氣溫極低（常零下幾度），所以飽和蒸氣壓也很小，一點水氣就容易達到飽和而下小雨或下雪，但人們還是會感到空氣乾燥。

▶ 2.7.3. 露點溫度（dewpoint temperature）

雖然（2.12）式定義了相對濕度，但要直接用量測蒸氣壓來測相對濕度卻是不太容易之事；而另一個和相對濕度有關的量，叫做**露點溫度**，更容易設計儀器去量出。上面說過，溫度越低，需要達到飽和的蒸氣壓也越低。假設我們有一團溫度為T的空氣，含有蒸氣壓為e的水氣量，而e在此溫度尚未達飽和。我們知

道，同樣這個e在溫度較低時就會等於飽和蒸氣壓e_{sat}，那麼怎麼去測這個較低的溫度？其實不難。用冷卻技術使得一片金屬表面變冷，冷到那片金屬上開始出現小水珠時，那個溫度就是使得達到飽和的溫度。這個較低的溫度就叫做露點溫度T_d，傳統上認為這就是露水之所以產生的過程。相對濕度可以由溫度和露點溫度直接算出，用不著去量e和e_{sat}（e_{sat}其實按溫度查表就有），公式是根據馬格納斯近似式（Magnus approximation）的露點溫度經驗式而導出來的。例如在$0<T<60°C$，$1<RH<100\%$，$0<T_d<50°C$的範圍內，可用下式來算RH：

$$RH=100\% \times \frac{exp\left(\dfrac{17.625T_d}{243.04+T_d}\right)}{exp\left(\dfrac{17.625T}{243.04+T}\right)} \qquad (2.13)$$

上式是個經驗公式，所以輸入的溫度和露點溫度值必須按原創者規定的，用攝氏度（°C）。其他溫度濕度範圍有其他合適的經驗公式。

▶ 2.7.4. 霜點溫度（frostpoint temperature）

當氣溫低於0°C時，如果空氣達到飽和，理論上凝結現象會開始發生，但此時凝結出來的應當是冰而不是液態水，而傳統上認為霜就是這樣子產生的，所以這個溫度就稱之為**霜點溫度**。關於露點溫度及霜點溫度的詳細我們在討論凝結過程時會在進一步說明。

▶ 2.7.5. 濕度的量測

量測濕度的傳統儀器之一是毛髮濕度計（hair hygrometer），其原理如圖2.5所示。這裡的毛髮指的是人類的頭髮，根據一些研究，人類的頭髮在相對濕度大的時候或吸收水氣而增長，雖然增長量不大（在RH 0-100%之間增長2-2.5%），卻已足夠做出精密的量測。毛髮增長會使得張力變小，因而牽動彈簧及指針，指出濕度來。

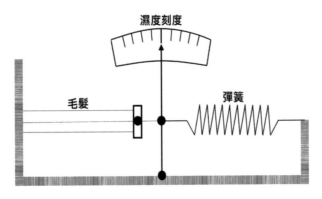

圖2.5　毛髮濕度計原理

說明：環境濕度會改變毛髮長度，進而牽動指針，指出相應濕度。

　　前面提到飽和的概念，如果空氣飽和，那麼凝結可能開始；但相反地，如果空氣尚未飽和，則液態水會蒸發成水氣，而水氣蒸發會從周遭空氣吸走熱量，而使得空氣變冷。這個概念促成了用乾濕球溫度計來量測濕度的方法，其辦法就是兩支並排的溫度計，一支是普通的溫度計，稱為**乾球溫度計**（dry bulb thermometer），量出即時的氣溫，另一支則在下部水銀球部分包了一層吸水材料（如紗布）連接一個裝水的小容器，這支叫做**濕球溫度計**（wet bulb thermometer）。當空氣未飽和時，濕球上的水分會蒸發，而使得空氣變冷而使濕球量出較低溫度——濕球溫度（但和露點溫度不一樣），空氣越乾，濕球溫度越低，從乾濕球溫度差，就可以算出濕度來。

　　現代科技也發展出來很多新的濕度測量科技，像量測溫度一樣，有用電阻感應的，有用電容感應的，而感應體材料有用有機薄膜（如聚醯亞胺膜，Polyimide Film, PI film）或陽極氧化鋁（anodic aluminum oxide, AAO），不一而足。它們的體積都很小，可以裝在一個很小的空間裡就可感應濕度，但基本上都是感應相對濕度的。

2.8　風（Wind）

　　風，當然也是天氣現象觀測與預報非常重要的一個項目，尤其對航空或航海而言，其重要性是非常顯著的。航空的飛機在空氣裡飛行，風的大小方向及變異

性當然對飛機的飛行安全有直接的決定性影響；就是在水面上行走的船隻，對它們直接影響的是浪，就如古語所說的：「水可載舟，亦可覆舟」，那個可以覆舟的水其實是浪，但是浪是哪裡來的？絕大多數都是「無風不起浪」，就是因狂風而引起的巨浪。[26]

與前面討論的溫度、氣壓和濕度三個「純量」（scalar）不同，風是一個向量（vector），所以它不但有大小（即使風速），還有方向（風向），而這兩個量對航空航海都極其重要。下面將說明風向與風速的表達方式。

▶ 2.8.1　風向（wind direction）

風向指的是風的來向——風從東邊來，就是東風；風從北邊來，那就是北風，從西北方來，那就是西北風，餘此類推。氣象科學上的文字表達，以英文字母E、W、S、N來代表東西南北，例如SE代表東南風，NNW代表西北偏北風。數據記載風向是以角度來表達的：北風為0°（同時也是360°），然後順著時鐘方向，東風為90°，南風為180°，西風為270°，至於在中間的風向就用內插法了，如西北風介乎西風與北風之間，那就是315°（圖2.6以圖形來表達）。然而，風向不可能無限細分，所以美國NOAA規定了各方向符號對應的角度範圍，如表2.2所示。

需要注意的是，我們通常說風向，指的是風的水平來向；但是空氣的流動是三維的，空氣也可以上下流動，但我們通常不把空氣的垂直流動叫風，而稱之為上升氣流（updraft）或下沉氣流（downdraft）。

26　海嘯的長浪大多數是海底地震或火山爆發引起，所以不是風成浪，算是例外，但海嘯並不經常發生。

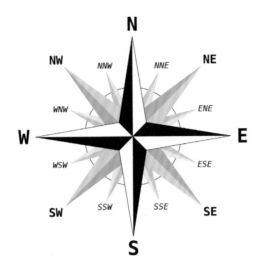

圖2.6　風向與角度的關係

資料來源：Brosen, permission by Creative Commons Attribution-Share Alike 3.0 Unported
　　　　license.

表2.2　風向符號角度定義表（NOAA）

縮寫	全稱	角度範圍
N	North	349-011 degrees
NNE	North-Northeast	012-033 degrees
NE	Northeast	034-056 degrees
ENE	East-Northeast	057-078 degrees
E	East	079-101 degrees
ESE	East-Southeast	102-123 degrees
SE	Southeast	124-146 degrees
SSE	South-Southeast	147-168 degrees
S	South	169-191 degrees
SSW	South-Southwest	192-213 degrees
SW	Southwest	214-236 degrees
WSW	West-Southwest	237-258 degrees
W	West	259-281 degrees
WNW	West-Northwest	282-303 degrees

縮寫	全稱	角度範圍
NW	Northwest	304-326 degrees
NNW	North-Northwest	327-348 degrees
VAR	Variable wind direction	
CLM	Calm winds	speed=0 knots
ALL	All direction categories combined	

資料來源：NOAA.

▶ 2.8.2　風速（wind speed）

一般公制的速度單位是每秒米（m s⁻¹），然而氣象由於傳統因素——近代氣象科學由航海的需要而來，因而傳統就是用了航海的船速同樣單位——節（knot, kt），即每小時幾浬（又稱海浬）：1 knot = 1 nautical mile per hour = 1.852 km per hour = 0.51444 m s⁻¹。

但一般人不太有精準風速所代表的實際感受的概念，譬如說，風速5 m/s是什麼感覺？是大風？還是和風？為了給一般人（而早期主要是給航海人員）有個實際感覺，在西元1805年，英國海軍上將蒲福，根據地面塵土飛揚和樹枝擺動的情形，把風速分為13級，稱為「蒲福風級」（Beauford scale）。到了1940年，美國氣象機構以蒲福風級為基礎，利用現代測風儀把風速分為17級。因為17級分級法是根據蒲福風級修正而來的，所以仍保存它的名字——蒲福風級表（表2.3）。

表2.3　蒲福風級表

風級	風之稱謂	一般敘述	公尺／每秒 （m/s）	浬／每時 （kts）	約公里／每時 （km/hr）
0	無風 calm	煙直上	小於0.3	小於1	小於1.8
1	軟風 light air	僅煙能表示風向，但不能轉動風標	0.3-1.5	1-3	1.9-7.3
2	輕風 light breeze	人面感覺有風，樹葉搖動，普通之風標轉動	1.6-3.3	4-7	7.4-14.7
3	微風 gentle breeze	樹葉及小枝搖動不息，旌旗飄展	3.4-5.4	8-12	14.8-24.0

風級	風之稱謂	一般敘述	公尺／每秒 （m/s）	浬／每時 （kts）	約公里／每時 （km/hr）
4	和風 moderate breeze	塵土及碎紙被風吹揚，樹之分枝搖動	5.5-7.9	13-16	24.1-31.4
5	清風 fresh breeze	有葉之小樹開始搖擺	8.0-10.7	17-21	31.5-40.6
6	強風 strong breeze	樹之木枝搖動，電線發出呼呼嘯聲，張傘困難	10.8-13.8	22-27	40.7-51.8
7	疾風 near gale	全樹搖動，逆風行走感困難	13.9-17.1	28-33	51.9-62.9
8	大風 gale	小樹枝被吹折，步行不能前進	17.2-20.7	34-40	63.0-75.8
9	烈風 strong gale	建築物有損壞，煙囪被吹倒	20.8-24.4	41-47	75.9-88.8
10	狂風 storm	樹被風拔起，建築物有相當破壞	24.5-28.4	48-55	88.9-103.6
11	暴風 violent storm	極少見，如出現必有重大災害	28.5-32.6	56-63	103.7-118.4
12	颶風 hurricane		32.7-36.9	64-71	118.5-113.2
13			37.0-41.4	72-80	113.3-149.9
14			41.5-46.1	81-89	450.0-166.6
15			46.2-50.9	90-99	167.7-185.1
16			51.0-56.0	100-108	185.2-201.8
17			56.1-61.2	109-118	201.9-218.5

資料來源：中央氣象局。

▶ 2.8.3　風的觀測

　　傳統的風向觀測有風向儀（wind vane）（圖2.7中的飛機狀物部分），通常都連帶附有風速計（即圖2.7螺旋槳狀物），風向儀指向**風的來向**，而螺旋槳轉速則指示風速；或風向袋（亦稱風襪，wind sock）（圖2.8），袋子的指向是**風的去向**（因為風是從袋子的開口灌入的），所以風袋如果指南，代表北風。袋子與標杆

間的角度則代表風速;風大時,袋子近乎水平;風小時,袋子角度較小,比較下垂。風向儀常植立於建築物附近作為簡便風觀測儀器,風向袋則常用於機場跑道旁空曠處,飛行員一瞥便可辨認出風向風速的大概,對飛機起降的操作十分方便。

圖2.7　風向儀

資料來源:王寶貫拍攝。

圖2.8　風向袋

圖片來源:維基百科,條目:風向袋。

上述這些儀器都只是在地面（按世界氣象組織規定，這是指離地10 m的高度）進行風向風速的觀測，但風向風速是個隨著時間隨著三度空間都可能有很大變化的氣象變數，高空風的觀測是絕對必須的。現代的觀測儀器專門用於風觀測的就是剖風儀（wind profilers），基本上就是督卜勒雷達，通常用VHF（30-300 MHz）或UHF（300-1000 MHz）電磁波頻段，利用督卜勒效應（Doppler effect）[27] 來測量各層大氣中的風向風速。

圖2.9是利用剖風儀測出的高空風向風速隨著時間變化的一個例子。圖中的每個有點像箭矢的符號是代表風向和風速的風矢（wind barb）。風矢的意義如圖2.10的說明：風矢的指向是風向，例如風矢指向正右方，表示是西風（270°），風矢從左上方指向右下方則是西北風（315°），餘此類推。尾端的線或旗代表風速，一段長線代表10 kts（knots），一條短線代表5 kts，一個三角旗代表50 kts，兩個三角旗則是100 kts的風速等等，如果風速小於2 kts則為一個圓圈。以圖2.9為例，最右邊的一排的風矢指出，低層的風是東南偏南風，風速大約15 kts，往上逐漸轉為西南風，風速變弱，大約5-10 kts，再往上逐漸變為西北風，風速大約維持在20 kts。

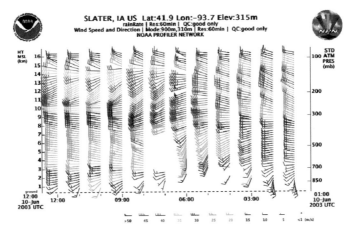

圖2.9　剖風儀的資料顯示

資料來源：NOAA.

27　督卜勒效應是波的頻率（或波長）由於波源與目標物有相對速度而產生的改變，當目標物向波源移動時，被目標物反射的波長變短（或頻率變高），稱之為藍位移（blue shift），反之，若目標物遠離波源而去，則頻率變小（或波長變長），稱之為紅位移（red shift）；位移的大小則代表目標物運動的速度。督卜勒（Christian Andreas Doppler, 1803-1853），奧地利數學家與物理學家。

風矢符號與風速對照表

Wind barb	○	—	╱	╲	╲	╲	╲	╲	╲	╲
knots	Calm	1-2	3-7	8-12	13-17	18-22	23-27	28-32	33-37	38-42
miles per hour	Calm	1-2	3-8	9-14	15-20	21-25	26-31	32-37	38-43	44-49
Wind barb	╲	╲	╲	╲	╲	╲	╲	╲	╲	╲
knots	43-47	48-52	53-57	58-62	63-67	68-72	73-77	78-82	83-87	88-92
Miles per hour	50-54	55-60	61-66	67-71	72-77	78-83	84-89	90-94	95-100	101-106
Wind barb	╲	╲	╲							
knots	93-97	98-102	103-107							
Miles per hour	107-112	113-117	119-123							

圖2.10　風矢的風速符號與對應的風速

2.9　高空觀測

　　以上所敘述的溫度、濕度、氣壓、風，僅僅是幾個最重要的氣象預報所必須做的觀測，還有其他一些變數，比如天空概況、雲量、雲屬等也都在觀測之列，但我們以後才會來討論它們。另外，我們到目前為止都在講述地面的觀測，但要了解目前全球的天氣概況以及未來的天氣預報，僅僅知道地面天氣狀況是遠遠不夠的，還需要空中的各項氣象變數的觀測資料，那如何去得到這些資料？

　　目前全世界最通行的高空氣象觀測是利用無線電探空儀（radiosonde，以下簡稱探空儀）來進行的。把探空儀吊掛在氣球下面（圖2.11），然後把氣球釋放，探空儀會自動量測溫度、濕度和氣壓，而且透過無線電用電碼形式向全世界廣播，任何人只要有適當的接收器都可以收到這些資料。隨著氣球的上升，這些資料也在每個觀測的高度點被播放出來，我們就可以得到高空的溫、濕、壓資料。另外，如果有適當的追蹤氣球的儀器，我們也能從氣球的軌跡得出風向、風速的資料。高空資料當然也可以經由另外一些平台來進行，例如飛機與火箭攜帶儀器來觀測，不過那都是特殊目的的觀測，並非全世界廣泛進行的。探空儀有不同的品牌，它們所用的感應溫度、濕度的感應器也可能不同，各有優缺點，這裡不擬討論。

圖2.11　釋放探空氣球

資料來源：NOAA.

　　探空氣球一般可以上升到20-30公里高度，把從地面到高層的資料用氣象電碼播放出來。然而要使得這些資料達到可以勾勒全球即時的天氣概況，必須是同時的資料才有用，否則大家的資料代表的是不同時間的話，彼此關係很難連接得起來。為此之故，世界氣象組織（World Meteorological Organization, WMO）和會員國定了一個公約，約定各國在國際標準時間00及12點[28]（00UTC及12UTC，氣象學上用00Z及12Z）同步施放探空氣球，以便大家得到的探空資料是同一時間的天氣綜觀資訊，因為是同一時間的綜觀（synoptic），所以天氣學叫做synoptic meteorology。雖然WMO要求要每天放兩次探空，許多資源較緊張的國家只放一次，而有的富有國家則可以放4次或更多。全世界大約有1300多個探空站，絕大多數都是在陸地上，這些站的密度其實不足以提供足夠氣象觀測資

28　台灣時間上午8點與傍晚8點

料來做準確預報（何況一天只有兩次）；而占地球面積70%的廣大海洋面上更是只有少數的海島上有固定探空站，以及不定期的船舶釋放的探空，此外空空如也，以致海面上觀測資料極度缺乏，從而影響了預報的準確性。現在已有其他方案來補救，例如2.11節要談的衛星掩星技術等，也已收到一定成效。

至於探空氣球最終的命運為何？從學理上我們知道它們一定是在高空爆裂，因為氣球往上升時，它外面的氣壓會越來越小，因而氣球就會越來越膨脹而變得越大，最終氣球材料強度不堪負荷，就會爆裂了。[29]

2.10　GPS掩星探空

上面提到，目前全世界的探空站數量不足，尤其是海洋上空，導致高空氣象資料稀少，影響了天氣預報的準確性。不久前發展出來的GPS掩星技術，可以用來彌補這些探空資料的缺憾。GPS掩星探空技術原理大致如圖2.12所示。

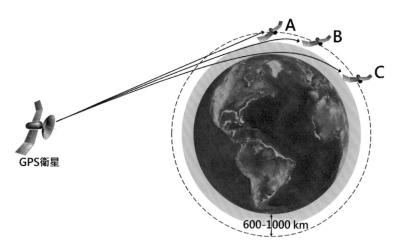

圖2.12　用GPS掩星方法做大氣探空觀測示意圖

29　Cullis, Patrick and Chance Srerling et al. (2017). "Pop Goes the balloon! What Happens when a Weather Balloon Reaches 30,000 m asl?" *Bulletin of the American Meteorological Society*, 98(2): 216-271. DOI: 10.1175/BAMS-D-16-0094.1

　　GPS衛星群是美國發射的定位衛星，它們一邊環繞地球，一邊發出無線電訊號，使地面上接收到的人可以利用這些訊號來定出所在的位置。這些訊號的傳遞會受到大氣的影響，當GPS的訊號在太空中進行時（如圖中GPS到A點），由於接近真空，它的路徑是一直線的。如果訊號穿過一些高層大氣（如圖中GPS到B點），它的路徑會因大氣的密度的影響而彎曲（這就是光的折射現象，空氣的存在使得光的速度減慢。光和無線電波都是電磁波，一樣都會有折射現象）。訊號如果穿過低層大氣（如圖中GPS到C點），折射更大，因為空氣密度更大，而且訊號穿過的大氣層厚度也最大。如果有一個比GPS軌道低的衛星（稱為低軌衛星，Low earth orbit satellite, LEO）沿著A、B、C的軌跡運行，這個衛星就能偵測出這三條路徑的訊號達到時間之差異，彼此差異是由於大氣不同層次的密度及厚度引起的大氣折射率之差異所造成的。我們能從折射率的差異繁衍出訊號所經大氣之密度差異，而密度又是受到當地的氣壓、溫度、濕度所影響，所以理論上我們可以得出這些路徑的層次的溫、濕、壓的資料。這些就相當於傳統的氣球探空技術所提供的觀測資料，而衛星經過的途徑能提供的資料比傳統探空站更多的觀測點，十分有助於彌補傳統之不足。由於LEO繞過A點後，它就會和GPS失去聯繫，因為被地球掩蓋住了，所以叫掩星[30]（occultation）技術。

　　台灣與美國合作發射的福衛三號（FORMOSAT-3，福爾摩沙衛星三號，美國稱為COSMIC）是全球第一個利用掩星技術來提供探空資料的衛星群；現在正在運行的是福衛七號（FORMOSAT-7/COSMIC-2）。圖2.13是福衛七號所提供的探空觀測點，每天提供超過4000組探空資料，這要比傳統探空站數量多得多，特別是在傳統資料不足的熱帶海洋上空，對全球天氣預報提供大量資料，增進了準確性。

30　這個名稱起源於天文學，我們從地球上用望遠鏡觀測某顆星，例如心宿二（天蠍座蠍子背上那顆很紅很亮的大星，中國古名「大火」），月球的軌道有時會正好介乎心宿二與地球之間，因而心宿二就被月球所掩蓋而觀測不到，叫做「月掩星」。

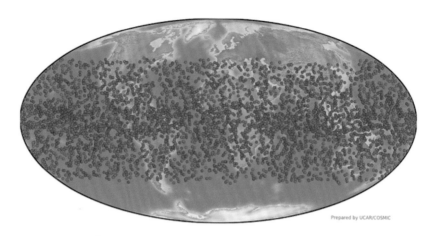

Prepared by UCAR/COSMIC

圖2.13　福衛七號所能提供的探空資料站點

資料來源：UCAR/NSF.

2.11　填圖符號

　　上面所敘述的觀測資料，如用文字敘述，很難給人一個天氣全貌。氣象業務的標準做法是把這些資料用圖形符號代表，把某個測站的觀測資料全部繪製在那個地點上，如此預報人員一眼便能看出整個地區的上下游天氣全貌——我們知道，人腦處理圖形的速度遠超過處理文字（包括數字），十分便於進行天氣分析及預報。這種填圖以往都是用人工繪製，現在則都是用電腦處理了。

　　圖2.14是測站填圖模式圖（station models），此圖是地面天氣圖填圖模式，高空圖與此類似，只是所填資料更精簡而已。

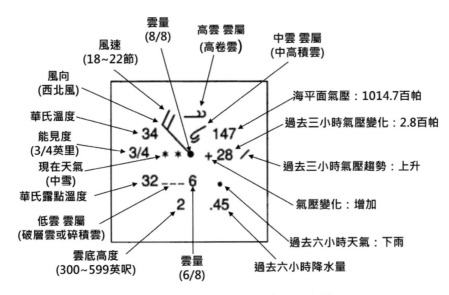

圖2.14　天氣填圖符號的格式及意義

資料來源：NWS/NOAA.

　　圖2.14正中央的圓圈是雲量符號，這個例子是陰天（圓圈塗滿），如是晴空無雲則是空的圓圈（其他雲量符號見圖2.15說明）。接在雲量圈上的是風矢符號，其意義已如前述。中央正左方是現在天氣符號，此例是中雪狀況，其他天氣符號見圖2.16。

　　現在天氣的左方是能見度（肉眼能明視的距離，SI制用公里，英美制度用哩）。中央左上方是氣溫度數，左下方是露點溫度度數。正下方是低雲覆蓋率（以8分之幾為單位），它的左邊是低雲雲型而左下方是低雲雲高。中央的正上方是高雲及中雲雲屬（雲屬符號見圖2.17），右上方是氣壓值（精度0.1百帕或毫巴），正右方是過去三小時的氣壓變量（精度0.1百帕或毫巴），而它的右邊是過去三小時氣壓趨勢（符號解說見圖2.18）。中央的右下方是過去6小時的天氣（圖2.19），而它的下面是過去6小時的降水量（如果有的話）。關於各型不同的雲屬，將在第8章詳細解說

雲量

0	○	晴空無雲
1	◑	1/8雲量
2	◔	2/8雲量
3	◕	3/8雲量
4	◐	4/8雲量
5	◓	5/8雲量
6	◕	6/8雲量
7	◖	7/8雲量
8	●	8/8雲量
9	⊗	狀況不明

圖2.15　雲量符號

資料來源：據NWS/NOAA原圖重繪。

Present Weather Symbols

00	01	02	03	04	05	06	07	08	09
Cloud development NOT observed during past hour (not plotted)	Clouds generally becoming less developed (not plotted)	State of sky on the whole unchanged during past hour (not plotted)	Clouds generally forming or developing during past hour (not plotted)	Visibility reduced by smoke	Haze	Widespread dust in the air, not raised by wind at or near station	Dust or sand due to wind at or near the station but no dust whirl/sandstorm	Well developed dust/sand whirl but no dust storm/sandstorm	Dust storm or sandstorm within sight or at the station during past hour
10	11	12	13	14	15	16	17	18	19
Mist	Patches of shallow fog at station, NOT deeper than 6 feet on land	More or less continuous shallow fog at station, NOT deeper than 6 feet	Lighting visible, no thunder heard	Precipitation within sight, but NOT reaching the ground	Precipitation within sight, reaching the surface, but more than 3 miles away	Precipitation within sight, reaching the surface within 3 miles	Thunder heard, but no precipitation at the station	Squall(s) within sight during past hour	Funnel cloud(s) and/or Tornado(s) during the preceding hour
20	21	22	23	24	25	26	27	28	29
Drizzle (not freezing) or snow grains, not as shower(s), has ended	Rain (not freezing) not falling as shower(s), ended in the past hour	Snow not falling as shower(s) ended in the past hour	Rain and snow or ice pellets, not as shower(s) ended in the past hour	Freezing drizzle or freezing rain, not as shower(s) ended in the past hour	Shower(s) of rain ended in the past hour	Shower(s) of snow, or of rain and snow ended in the past hour	Shower(s) of hail, or of rain and hail ended in the past hour	Fog or ice fog ended in the past hour	Thunderstorm (with or without precipitation) ended in the past hour
30	31	32	33	34	35	36	37	38	39
Slight or moderate dust storm or sandstorm (has decreased in past hour)	Slight or moderate dust storm/sandstorm (no change during past hour)	Slight or moderate dust storm or sandstorm (has begun or increased)	Severe dust storm or sandstorm (has decreased during the past hour)	Severe dust storm or sandstorm, has no change during past hour	Severe dust storm or sandstorm (has begun or increased)	Slight or moderate drifting snow (generally below eye level)	Heavy drifting snow (generally below eye level)	Slight or moderate blowing snow (generally above eye level)	Heavy blowing snow (generally above eye level)
40	41	42	43	44	45	46	47	48	49
Fog at a distance, but not at the station during the preceding hour	Fog in patches	Fog, sky visible (has become thinner during preceding hour)	Fog, sky obscured (has become thinner during preceding hour)	Fog, sky visible (no appreciable change during the past hour)	Fog, sky obscured (no appreciable change during the past hour)	Fog, sky visible (has begun or has become thicker during past hour)	Fog, sky obscured (has begun or has become thicker during past hour)	Fog, depositing rime ice, sky visible	Fog, depositing rime ice, or ice fog, sky obscured
50	51	52	53	54	55	56	57	58	59
Drizzle, not freezing, intermittent (slight at time of observation)	Drizzle, not freezing, continuous (slight at time of observation)	Drizzle, not freezing, intermittent (moderate at time of observation)	Drizzle, not freezing, continuous (moderate at time of observation)	Drizzle, not freezing, intermittent (heavy at time of observation)	Drizzle, not freezing, continuous (heavy at time of observation)	Drizzle, freezing, slight	Drizzle, freezing, moderate or heavy	Drizzle and rain, slight	Drizzle and rain, moderate or heavy
60	61	62	63	64	65	66	67	68	69
Rain, not freezing, intermittent (slight at time of observation)	Rain, not freezing, continuous (slight at time of observation)	Rain, not freezing, intermittent (moderate at time of observation)	Rain, not freezing, continuous (moderate at time of observation)	Rain, not freezing, intermittent (heavy at time of observation)	Rain, not freezing, continuous (heavy at time of observation)	Rain, freezing, slight	Rain, freezing, moderate or heavy	Rain or drizzle and snow, slight	Rain or drizzle and snow, moderate or heavy
70	71	72	73	74	75	76	77	78	79
Intermittent fall of snowflakes (slight at time of observation)	Continuous fall of snowflakes (slight at time of observation)	Intermittent fall of snowflakes (moderate at time of observation)	Continuous fall of snowflakes (moderate at time of observation)	Intermittent fall of snowflakes (heavy at time of observation)	Continuous fall of snowflakes (heavy at time of observation)	Ice needles (with or without fog)	Snow grains (with or without fog)	Isolated star-like snow crystals (with or without fog)	Ice pellets (sleet)
80	81	82	83	84	85	86	87	88	89
Rain shower(s), slight	Rain shower(s), moderate or heavy	Rain shower(s), violent	Shower(s) of rain and snow mixed, slight	Shower(s) of rain and snow mixed, moderate or heavy	Snow shower(s), slight	Snow shower(s), moderate or heavy	Shower(s) of snow pellets or small hail, slight with or without rain or rain/snow	Shower(s) of snow pellets or small hail, moderate or heavy w/ or w/o rain/snow	Shower(s) of hail, slight, w/ or w/o rain or rain/snow mixed, no thunder
90	91	92	93	94	95	96	97	98	99
Shower(s) of hail, w/ or w/o rain or rain/snow, no thunder, mod. or heavy	Thunderstorm during past hour w/ slight rain at time of observation	Thunderstorm during past hour w/ current moderate/heavy rain	Thunderstorm ended w/ current slight snow, rain/ snow mixed, or hail	Thunderstorm ended w/ current moderate/heavy snow, rain/snow, or hail	Thunderstorm, slight or moderate, w/o hail but w/ rain and/or snow	Thunderstorm, slight or moderate, with hail at time of observation	Thunderstorm, heavy, w/o hail but with rain and/or snow	Thunderstorm combined with dust storm or sandstorm	Thunderstorm, heavy, with hail at time of observation

圖2.16　現在天氣符號

資料來源：NWS/NOAA.

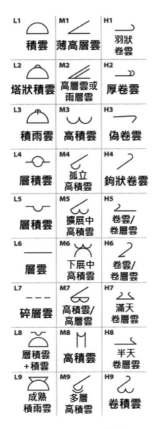

圖2.17　雲屬符號

資料來源：據NWS/NOAA原圖重繪。

0	∧	過去三小時氣壓先上升後下降	
1	╱	氣壓先上升後穩定	氣壓比三小時前還要高
2	╱	氣壓穩定上升	
3	∨	氣壓先下降後上升	
4	—	過去三小時氣壓無變化	
5	∨	過去三小時氣壓先下降後上升	
6	╲	氣壓先下降後穩定	氣壓比三小時前還要低
7	╲	氣壓穩定下降	
8	∧	氣壓先上升後下降	

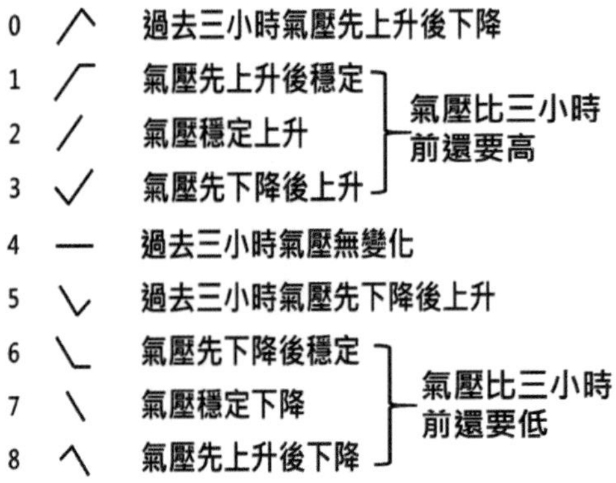

圖2.18　過去三小時的氣壓趨勢

資料來源：據NWS/NOAA原圖重繪。

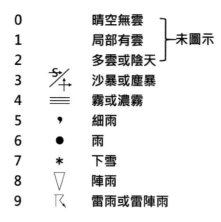

0		晴空無雲
1		局部有雲
2		多雲或陰天
3		沙暴或塵暴
4		霧或濃霧
5		細雨
6		雨
7		下雪
8		陣雨
9		雷雨或雷陣雨

圖2.19　過去6小時的天氣符號

資料來源：據NWS/NOAA原圖重繪。

2.12　天氣圖

　　天氣圖是把觀測資料繪製成特殊目的用的圖形，方便氣象人員做天氣分析及預報。本節所討論的是根據已有資料所做的天氣分析圖，預報圖的內容大致與分析圖類似。天氣圖的種類很多，但下列兩種比較常用：（1）熱力圖；（2）天氣分析圖，說明如下：

2.12.1　熱力圖（thermodynamic charts）

　　熱力圖又稱絕熱圖（adiabatic charts）就是把一個探空站的無線電探空儀資料繪成圖形，用來展示這個地點的氣象變數的垂直分布情況。絕熱圖也有不同樣式，比較常用的是下面所展示的例子，叫做斜溫圖（skew-T log-P chart）。

　　圖2.20中的垂直座標是氣壓的對數值（logarithm），由於氣壓隨著高度做指數式遞減，所以氣壓的對數值基本上就是高度。[31] 但本圖並無「水平」座標，而是有斜45°的溫度座標，從圖左下往右上傾斜的「等溫線」，其上標有攝氏度數，而座標方向則是左上往右下方傾斜，所以越往左上方越冷，越往右下方越暖。水

31　以（2.8）式而言，因為 $p=p_0 \exp[-(z-z_0)/H]$，所以 $\log p=[(z_0-z)/H]+\log p_0$，可見 $\log p$ 是與 z 線性對應關係。

平軸上的-50、-40等數字是各等溫線的溫度值，當然露點曲線用的也是這個斜溫座標。根據探空資料，我們可以很容易繪製出圖中的氣溫曲線（右邊）及露點溫度曲線（左邊），在圖最右邊的是各層的風向風速的風矢。

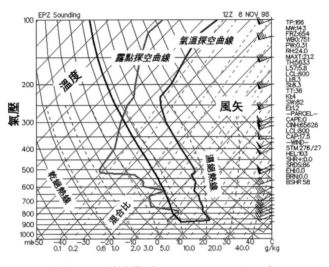

圖2.20　斜溫圖（Skew-T Log-P chart）

説明：右側的一排代號和數字是分析後所得的本探空資料的特性（例如LCL的高度、CAPE的大小等等）。

資料來源：據NWS/NOAA原圖重繪。

　　這種圖能夠顯示探空所在地單一站點的即時天氣狀況一個很快的簡貌。以圖2.20而言，我們看到溫度曲線大致是往上遞減。同時從溫度和露點的間距，我們也可以很快看出，此地空氣是比較乾燥（兩曲線相距較大），中層（500百帕附近）尤其乾燥。除了最低層風向是西南風外，中高層都是深厚的西南偏西風。有經驗的預報員往往能從這種圖看出未來短期天氣形勢的端倪來。

▶ 2.12.2　地面天氣圖

　　上述的熱力圖只能提供一個單一站點的瞬時天氣狀況，在這一節我們來看一般的所謂天氣圖。這裡分為地面天氣圖和高空天氣圖兩種，兩種其實非常類似，只是所繪的氣象變數略有不同。地面天氣圖首先要把地圖上所有站點的地面觀測資料用上幾節的填圖方式都填好，然後開始繪製等壓線（isobars），所以基本上

它就是一幅某個區域範圍內（例如北半球或東亞地區或北美地區）的地面氣壓分布圖，但每個站點又有該站當時所觀測到的天氣概況，使氣象人員對整個區域的天氣及氣壓分布一目了然，非常便於天氣的分析及預報。

所謂等壓線，就是把氣壓相等的地點連成「等值線」（isopleth，有時也常用contour來代表），所以理論上為在線上的每個地點的氣壓都一樣，而在線的兩邊的地點則有或是較高或是較低的氣壓。

特別必須注意的是，所謂地面氣壓，並不是把一個測站的氣壓計所讀到的氣壓值直接放入填圖資料的左上角，而是必須經過訂正。這是因為每個測站的海拔高度（即標高，elevation）不同，測站標高越高，它的氣壓值通常會比鄰近的測站來得低，但其實這幾個鄰近測站都是在同一個天氣系統中，你若把這個站的氣壓當作是一個低壓中心，會完全錯估了真正的天氣形勢，所以國際氣象界規定，在地面天氣圖的氣壓必須把該測站的氣壓依循一定公式訂正為其相當的海平面氣壓值。所謂海平面，當然就是之標高等於0 m的平面。用這種訂正過的海平面氣壓來分析，才能看出真正的天氣形勢。

圖2.21是地面天氣圖的一例，圖中我們看到有許多測站，其上的天氣概況都已填圖方式呈現在其地點上。圖中的曲線就是上面所說的等壓線。此圖上有的地區的等壓線圍成圓圈，中間標有「H」標記，這是所謂的「高壓中心」，這個區域的氣壓值較它們鄰近地區為高，猶如兩座山峰一般。另外有幾個地區則標有紅色「L」標記，例如在中國和日本九州之間，有個低壓中心（low pressure center），猶如凹洞一般；另外，還可見一條藍色粗線從此低壓中心向左下方（西南方）斜伸，上有三角齒狀標記，稱為冷鋒（cold front），又有紅色半圓符號的暖鋒（warm front）從中心向東伸出。而日本東方及南方海域以及由低壓中心伸出的冷鋒延伸至長江下游的紅藍相間的鋒面代表的是滯留鋒，往後會討論。在日本南方海域有一個颱風。關於這些鋒面及颱風天氣特徵，將在第6章及第13章詳加討論。

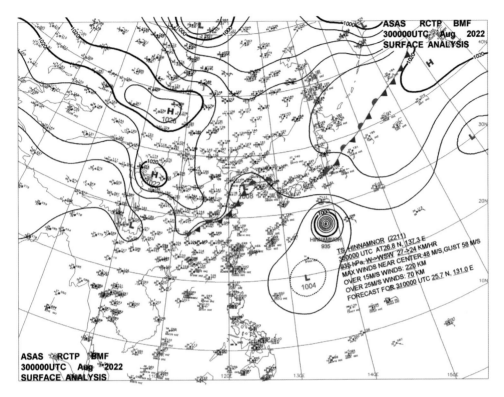

圖2.21　2022年8月30日00UTC（台灣上午8時）的地面天氣圖

資金來源：中央氣象局。

▶ 2.12.3　高空天氣圖（upper air charts）

　　圖2.22是高空天氣圖的一例（和圖2.21同一時間）。乍看之下，這兩種圖似乎相似，也是一堆曲線標誌著H或L，但其實有兩點很大的不同。第一（而且是最重要的），這種圖稱為等壓面圖（isobaric charts），像此圖是在繪製500 hPa等壓面上的天氣概況，意思就是在此圖上每一點的氣壓都是500 hPa。那那些曲線代表什麼？那些是「等高線」（即高度的等值線，contours），它們代表的是500 hPa氣壓發生的高度，而這個高度是根據一個公式計算出來的「重力位高度」（geopotential height），大致也就是近乎我們一般認知的高度。每個地點的500 hPa層次高度都可能不同，所以在這種等壓面上，我們就繪製的是500 hPa層的等高線分布圖，而H和L同樣代表這層次的高點和低點。

　　為什麼我們要繪製等壓面的高度分布，而不是繪製等高面的氣壓分布？有幾
個理由，最重要的是：（1）探空儀所給的資料是氣壓，而沒有高度，所以繪製
氣壓最方便。（2）用等壓面可以很容易進行一些熱力學分析，而且等高線的梯
度可以直接代表近似的風速：等高線越密，代表梯度越大（即越陡），而梯度越
大，則風速越大，對天氣概況了解及預報方便不少。（3）大部分飛機的所謂固
定高度飛行其實是「固定氣壓飛行」，也就是說它們是在等壓面上飛行，因為飛
機的高度表其實測的是氣壓。

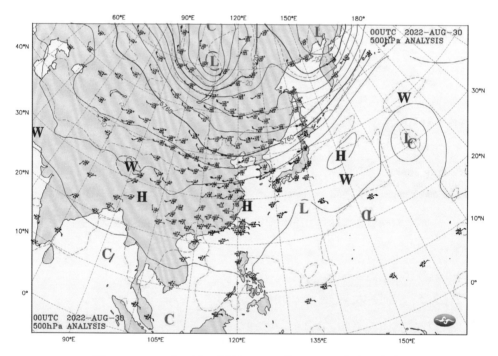

圖2.22　　2022年8月30日的00UTC的500 hPa高空天氣圖

資料來源：中央氣象局。

　　雖然圖2.22的H和L代表的是500 hPa等壓面的高度的高中心與低中心，在物
理意義上它們卻也相當於等高面上的高壓中心與低壓中心。圖2.23是這個理解的
說明圖。

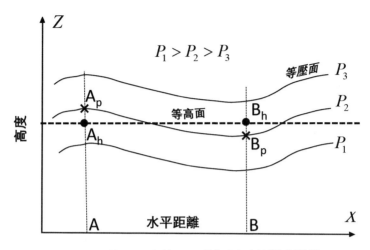

圖2.23　等高面與等壓面的氣壓形勢對應關係

　　我們用圖2.23來比較圖中兩個地點A、B上空的等壓面與等高面的氣壓值與高度值，垂直座標是高度，水平座標是水平距離，而圖中的曲線則是等壓面。A城上空在虛線的等高面點是A_h，而在P_2等壓面的對應點則是A_p，而與此對應的B城上空的點是B_h及B_p，因為$P_1 > P_2 > P_3$，我們立刻可以知道，在等高面上（虛線之面）A_h的氣壓值一定大於在B_h的氣壓，所以在等高面的氣壓圖上，A城是高壓中心，而B城是低壓中心。我們如果從等壓面來看會如何？A_p和B_p的氣壓是相等的，但是A_p的高度明顯比B_p高。所以等壓圖（及高空圖）上的相對最高點（相對最低點）其意義等同於等高面圖上的高壓中心。

　　高空天氣圖通常繪製下列幾個層次：850 hPa、700 hPa、500 hPa、300 hPa、200 hPa，但有些氣象單位為了需要也會增加幾個層次。高空圖上的填圖只標出風向、風速、溫度及露點。

第 3 章
地球—大氣系統的能量平衡與天氣過程

　　刮風、下雨、濃霧、閃電這些對航空或航海都有重大衝擊的天氣每天都在發生，不是這裡就是那裡，要了解這些過程，我們首先要先了解它們是怎麼來的？他們的能量來源是什麼？明白了能量來源及其可能的變化，我們才能做出可靠的天氣分析以及未來天氣的預報。

3.1. 太陽輻射——地表活動的總能量來源

　　眾所周知，地球是太陽系裡的一顆行星，距離太陽約一億五千萬公里（更準確地說，148.68×10^6 km）。太陽，則是一顆恆星（star），而恆星的定義是一顆依靠自身內部的熱核反應（thermonuclear reactions）來產生能量的天體。所謂熱核反應，就是物理上的核融合過程（nuclear fusion process），例如四個氫原子的原子核融合而成一個氦的原子核的過程。[32] 這樣的過程產生可怕的巨大能量，以猛烈的伽瑪線（gamma ray）方式從太陽核心向外輻射出去。大量的這種伽瑪線如果毫無阻擋地輻射直奔地球的話，沒有任何生物能夠存活，幸而太陽內部核心的密度一定非常大，目前沒有人能確切測得太陽核心內部密度，但有模式指出，靠近核心部分密度可能有 162.2 g cm^{-3} 左右，大約是地球密度的 12.4 倍。這麼緻密的密度使得伽瑪線要輻射出到太陽表面障礙重重，平均一個伽瑪線的「光子」（photon）要鑽過這些重重障礙來到太陽表面要花 10 萬年！在這個東碰西撞的過程中，光子損失了很多能量，等到它們來到太陽表面時，大部分已都變成對人類

32　這個過程只是諸多核融合過程之一種，稱為質子—質子鏈（proton-proton chain）反應，在太陽（及比太陽小些的恆星）核心的反應占主要比例。氫原子的核只有一個粒子，就是質子（帶正電），而氦原子的核有四個粒子——兩個質子、兩個中子（不帶電），這四個粒子加起來比四個質子的總質量還多一點，因為中子質量比質子要大一些，所以實際上還有別的粒子參加這個融合過程。在融合完成後，部分質量被轉換成能量釋放出來，大致是以伽瑪線的方式輻射出去。人造的核融合過程實例之一就是氫彈，現在人們也很想用核融合所釋放的能量來發電，但尚未十分成功。

不但無害,而且成為我們生活不可或缺的可見光的光子。我們現在看到太陽,像是個白色的球體,那就是因為我們看到的是太陽光球(photosphere)。

　　太陽表面有沒有什麼結構?我們用肉眼看太陽,由於陽光十分強烈刺眼,通常看不出什麼特徵,但是如果透過一些濾光鏡,則往往可以看到它上面的結構。圖3.1是一幀用Hα譜線(紅色)濾光後拍攝的太陽表面,可以看到,太陽表面並不平滑,而是有大量的斑點遍布全日球。這些斑點以前不知道它們的物理,是故把它們稱之為「穀粒狀物」(granules);現在我們已經知道,它們其實就是太陽上的對流胞(convection cells),就像我們用鍋子燒開水,水沸騰時水面的對流胞一樣。另外還有一些特徵,但那是有關太陽物理,就不細談了。

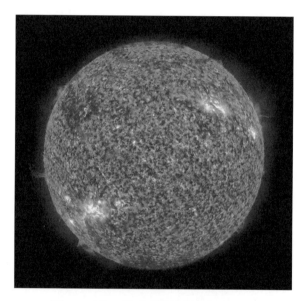

圖3.1　用Hα濾光鏡拍攝的太陽表面

資料來源:NASA.

　　在這裡有一點必須特別提出來,雖然我們上面提到,伽瑪線的光子到達太陽表面時大都已經變成柔和的可見光了,但是那個過程是個隨機的過程,光子和其他粒子碰撞是有一定的機遇率,而不是完全的。也就是說,也有一些短波光子,如伽瑪線及X光,甚至還有能量更巨大的宇宙射線(cosmic rays)能夠毫無阻擋地從太陽核心往外輻射出去,而有些就會抵達地球。這些漏網之魚大部分會被地

球的高層大氣分子所阻擋，但也同樣會有漏網之魚穿透過來。所以一般而言，越往高空，可能接受的短波輻射量越多；是故，飛機上的機組人員所受到這種輻射的照射量，通常比常年不搭飛機，只在地面活動的人要高得多，這一點是必須記住的。

3.2. 電磁波波譜（Spectrum of Electromagnetic Waves）

我們上面提到光子，它是什麼東西？這是因為我們把光當成一顆顆的粒子，一顆顆的小能量包，以輻射的方式在空間行進。而伽瑪線的小能量包也可以成為「光子」，則是因為伽瑪線和可見光一樣，都是電磁波（electromagnetic waves）。長久以來，人們就一直在爭論，「光」到底是什麼？牛頓認為光是一顆顆的小粒子，而同時期的荷蘭物理及天文學家惠更斯（Christiaan Huygens, 1629-1695）則認為光是一種波動，這個爭論一直到20世紀初的量子物理興起之後才得到解決——竟然是兩種說法都是對的！[33] 我們無法在這裡討論量子物理，但的確，光有時看起來像波，而有時又像粒子。在下面的討論中，我們將把光當成是波動來討論。

光，或是可見光（visible light）是電磁波的一種。而波的運動特徵可用波速c（這裡專指「相速度」，phase speed）、頻率v及波長λ來界定。它們之間的關係是：

$$c=v\lambda \qquad\qquad (3.1)$$

電磁波的速度就是光速，而光速在真空中是$c=299792458\approx3\times10^{8}$ m s^{-1}，也就是每秒30萬公里；在大氣中稍慢，但也非常接近這個值，我們可以將之當成是一樣，而且是個常數。既然c是常數，（3.1）式就指出，高頻率的波必然是波長較短，而波長較長的波必然是比較低頻。圖3.2是電磁波的波譜。

---

33 請參見王寶貫（2002），《洞察：科學的人文觀與人文的科學觀》（台北：天下文化）。

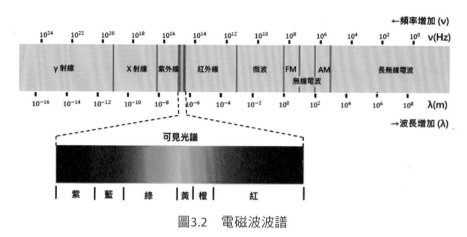

圖3.2   電磁波波譜

資料來源：據NASA原圖重繪。

　　圖3.2上半部是全段波譜，從左邊起是極高頻（極短波）的伽瑪線、X光、紫外線，都是比可見光波長要短的電磁波。中間彩色的那段是可見光，在可見光右邊波長更長的是紅外線，接下來是微波，微波之右是無線電波（先是調頻FM波段，再來是調幅AM波段），最右邊是長波的無線電波。圖下半部是把可見光部分放大，整個波段的波長大致在380 nm（紫光）與750 nm（紅光）之間。

　　以個別光子而言，光子的能量是與頻率成正比，所以頻率越高，光子能量也越高。所以宇宙射線、伽瑪線、X光、紫外線的光子都是高能光子，因此對人體也比較危險。1991年烏克蘭的車諾比爾核電廠發生核洩漏事件，許多工作人員因被核燃料發出的強烈伽瑪線直接照射而致死。反之，低頻的光子能量比較弱，對人類危險性也比較小。不過危險性不止和個別光子能量有關，和光子總數也有關，例如，個別微波光子能量雖不如X光，可是你如果站在一個大型高能雷達天線前面，會被照射到巨量的微波光子，那也是極其危險的。

3.3.　黑體輻射（Blackbody Radiation）

　　任何有溫度的物體都會放出電磁波輻射，不但所有的動物、植物會輻射電磁波，甚至沒有生命的沙、石、空氣也都照樣會輻射電磁波。他們所輻射的電磁波會有什麼不同？物理的研究指出，這種輻射的特徵基本上是以那個輻射體的溫度來決定的，同樣溫度的物體，他們輻射出的波譜形式（不是總量）也類似。當然

每個物體因為質地構造不盡相同，所以其實會有些差異。為了簡化起見，物理上設定了一個理想輻射體：它能夠完全吸收所有照射到它表面上的電磁波（亦即吸收率absorptivity為100%或1），也能依照它的溫度把能量完美地發射出電磁波來（放射率emissivity為100%或1），這樣的物體被稱為「黑體」（blackbody）。因為黑色物體之所以黑，就是因為他們能完全吸收照射到它們表面上的光而不反射任何光。

接著我們要討論太陽及地球，為簡化起見將太陽及地球當成輻射黑體。有人可能會誤會：太陽怎麼可能是黑體？它看起來一點都不黑！但是我們要記得，只要太陽符合「能夠完整吸收照射到它表面上的電磁波」的條件就可以被稱作黑體了，而太陽也的確接近如此條件。至於它之所以看起來「不黑」，是因為太陽也在發射光，當然不會黑，但這並不妨礙它符合黑體的定義。同樣地，我們也可以把地球簡化為一個輻射黑體。而黑體輻射的曲線如圖3.3所示。這裡是以天文學上星球的溫度作為例子來說明。

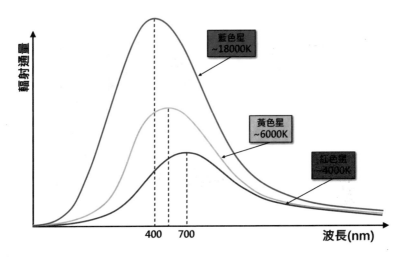

圖3.3　三個不同溫度的恆星所發射的黑體輻射

圖3.3垂直軸是輻射通量（flux），而水平軸是波長。此圖說明，黑體輻射的曲線依發射體的溫度而有不同，但形式都很一致：都是有一個高峰，短波輻射（高峰左邊）曲線較陡，而長波輻射（高峰右邊）較為平緩。其次，溫度越高，高峰越靠左，亦即高峰值位於較短的波長；溫度越低，則高峰值位於較長的波

長。[34] 另外，溫度越高，曲線下面的總面積也越大。[35]

天文學的研究表明，恆星的顏色直接就代表了它們的表面溫度。圖中的藍色星溫度18000 K，它的黑體輻射高峰值在400 nm，所以看起來是藍色的。中間的黃色星溫度是6000 K（太陽就屬於黃色星），高峰值約500 nm，而紅色星溫度是4000 K，高峰值在700 nm。

為了解釋為什麼黑體輻射的通量如圖3.3之分布，德國物理學家普朗克[36] 發明了「量子」（quantum）一詞，宣稱光不是一中連綿不斷的連續體，而是一顆顆粒子（即是量子），用這個概念就可以解釋圖3.3。這是量子物理的開端，而普朗克就成了量子物理的創始人。

我們現在要用這個概念來探討太陽輻射和地球的天氣系統之間的關係。我們知道，地表的平均溫度大約是15°C，也就是288 K，太陽的表面溫度是6000 K，這兩個溫度之間有什麼關係？

首先，我們知道地球距離太陽約1億5千萬公里，太陽的6000 K黑體輻射向外射出，其中有一小部分被這麼遠的地球截收到，一如圖3.4所示的情境。

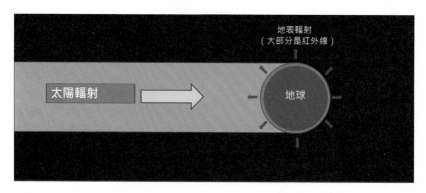

圖3.4　太陽─地球（日─地）系統的輻射平衡

---

34 這個高峰隨著溫度不同而左右移動的現象稱為維恩位移定律（Wien's displacement law）。維恩（Wilhelm Carl Werner Otto Fritz Franz Wien, 1864-1928），德國物理學家。

35 這個現象稱為斯特凡─波茲曼定律（Stefan-Boltzmann law）。斯特凡（Jožef Stefan, 1835-1893），斯洛文尼亞物理學家。

36 普朗克（Max Planck, 1858-1947），德國物理學家，量子物理的開山祖師，對現代物理有巨大影響。

　　由於我們知道日─地之間的距離，我們也知道太陽的大小和它的輻射強度，我們可以算出那一道日光在每單位時間帶來的總能量。這一道太陽能大約有30%會被地球反射回太空（所以地球並不是完美的黑體），剩下的70%被地球吸收，轉化成地球自己的內部能量，然後以地球自己的黑體輻射（圖中紅箭頭）向外發射出去。如果這個地球的黑體輻射（稱之為地表輻射，terrestrial radiation）總量與地球所吸收的70%太陽能是相等的話，那我們就說太陽和地球系統間有輻射平衡（radiative equilibrium）。

　　如果日─地之間有輻射平衡的話，我們很容易就可以算出地球的溫度出來。結果這樣算出來的地表平均溫度是零下18°C（-18°C）！然而，我們知道，實際測得的地表平均溫度是15°C，比預測多了33°C，這是怎麼回事？

　　原來那個-18°C（稱之為行星平衡溫度，planetary equilibrium temperature）只是考慮一個沒有大氣層的地球，一個完全裸露的固體地球。但實際上，地球外面包了一層大氣，這大氣給了地表很大的增暖作用──即是眾所周知的溫室效應（greenhouse effect）。這是因為大氣中有些溫室氣體，其中作用最大的是水氣（H_2O），各種估計值從70-90%都有，其次是二氧化碳（CO_2）、甲烷（CH_4）、氧化亞氮（N_2O）等等。當地表輻射往外射出時，這些溫室氣體會吸收一部分這種輻射，又把其中一部分再輻射回地表，結果使得地表輻射到太空之前就被攔截了許多，這些被攔截的地表輻射就是地表從-18°C增溫至15°C的原因。

3.4. 地表溫度的緯度及季節變化

　　上面的討論只是一個從全球平均的視角來看的，我們都知道，地表溫度隨著時空都會變化，地球上並非每個地方都是15°C，平均而言，越往高緯度溫度越冷，而低緯度地區則通常要溫暖的多。而以季節而言，夏季又比冬季要溫暖得多（這裡季節名詞是以北半球為基準）。然而，這兩個現象的基本原因是什麼？這個基本原因就是：每單位面積的太陽輻射通量。我們用圖3.5至圖3.7來解釋緯度和季節的影響。

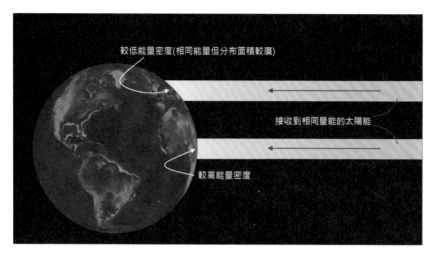

圖3.5　緯度與太陽輻射能量密度值關係圖（太空觀測者視角）

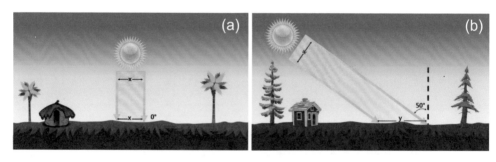

圖3.6　緯度與太陽輻射能量密度值關係圖（地面觀測者視角）
(a)赤道觀測者；(b)位於南北緯50°之觀測者

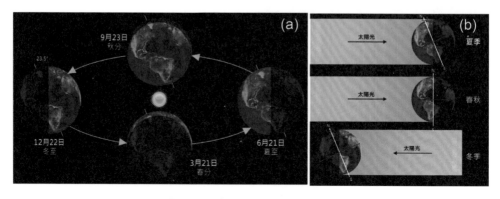

圖3.7　季節冷暖的物理原因
(a)地球四季的天文方位圖；(b)不同季節的陽光角度

　　圖3.5是從太空觀測地球的情境。我們假設有兩道一模一樣的太陽光照射地球，一道照射赤道附近的低緯度地區，另外一道則照射高緯度地區。我們很明顯看出，由於地球的球面形狀，使得陽光直射低緯度地區時，由於光線分布在較小的面積上，每單位的太陽輻射通量較大，溫度通常也就較高；反之，在高緯度地區，同樣的光線分布在一個較大的面積上，致使每單位面積的輻射通量較小，溫度通常也就較低。

　　圖3.6是以站在地面上的人所觀測到的情境。圖3.6(a)是赤道上的人所看到的，當太陽「日正當中」，即是天頂角（zenith angle）為0°時，陽光的光柱只分布在一個較小的面積x，而與此同時，在南北緯50°的地方（圖3.6(b)），太陽的天頂角會是50°，拿到同樣的陽光光柱會散布在一個較大的面積y上。

　　圖3.7則是解釋季節冷暖的形成。由於地球的自轉軸和黃道面（地球繞著太陽轉的平面）不是互相垂直，而是地軸有23.5°的傾斜，而且這個傾斜是固定的（即固定地指向一個遙遠的恆星方向），結果是如圖3.7(a)及(b)所示的，在北半球的夏季，地軸北方傾向太陽，使得北半球整體收到陽光照射的面積遠大於南半球，所以此時北半球整體溫度要高於南半球，因此北半球的夏季，就是南半球的冬季。反之，北半球的冬季時，情況正好反過來，因而冷暖的情況也就顛倒過來。而春季及秋季則介乎冬夏兩季之間。

　　也許有人會誤以為，冬季之所以比較冷而夏季之所以比較熱，是因為冬季時地球離太陽遠些而夏季時地球離太陽近些，其實目前的情況正好相反：冬季是地球離太陽近些，而夏季時地球反而離太陽遠些，由此可見日—地之間的距離和冬夏之冷暖沒有直接關係。[37]

37　但是比較少人知道，大約9000年前，地球繞日公轉的軌道與現今有所差異：那時候冬季地球離太陽遠些而夏季地球離太陽近些，但是顯然並沒有改變夏暖冬冷的狀況。氣候學家現在認為，那時候夏季可能比現在暖，而冬季比現在冷。也就是說，那時候的季節變異比現在要強烈。此論點尚未完全定論，不過已經有許多證據顯示情況的確如此，這項地球軌道變異主要是由於歲差（precession，地轉軸本身的晃動）引起。

3.5.　太陽與地球的黑體輻射

上節提到，太陽的表面溫度約6000 K，而地球表面約288 K，假設我們把太陽與地球都理想化成輻射黑體的話，那麼他們應該各自放射自己的黑體輻射出來。前面說過，太陽輻射的尖峰波長約0.5 mm，在可見光範圍；地表輻射的尖峰波長約10 mm，在紅外線範圍，基本上就是「熱輻射」。簡單來說，就是太陽大部分的輻射是可見光，而地表輻射則大部分是紅外線。

3.6.　地球系統之輻射平衡

由於太陽輻射要抵達地面之前，必須先透過大氣層，因而要明暸靠近地面的輻射平衡過程，我們就必須知道輻射在大氣裡通過（包括向下和向上）的各種物理過程。

圖3.8是一幅地球─大氣系統的能量平衡解說圖，左半邊是入射的太陽輻射抵達地面的過程，而右半邊是地表輻射射出太空的過程。最左邊是入射的太陽輻射100%，旁邊的3個向上的箭頭指出，8%被空氣散射，17%被雲反射，6%被地面反射，加起來大約31%（有的資料估計約30%，彼此略有小差異），這是太陽輻射直接被反射回太空的部分，稱為地球的返照率（albedo），剩下來將近70%的部分被大氣中的溫室作用體（水氣、臭氧、塵埃等，23%）及地面（包括陸地與海洋，46%）所吸收。這些被吸收的部分最終被轉換成地表輻射（主要波長在紅外線），在地球處於輻射平衡的條件下，這些地表輻射就應該透過大氣層在回到太空中去。

圖3.8中可以看到，地表輻射有15%直接輻射出去，但中途被大氣雲及溫室氣體吸收掉6%（使大氣變暖），剩下9%直接逸出大氣層，進入太空。地表輻射有7%為可感熱傳輸到大氣中，而剩下的24%則是儲存在潛熱的能量，當有成雲致雨的事件發生時，這些潛熱就會被釋放出來，把空氣加熱——由此可見潛熱的重要，也可見水氣雖然是很小量，作用卻很龐大，主要就是攜帶地表輻射的大部分能量，在適當時間與空間內，以潛熱的方式釋放出來，其功用非同小可！

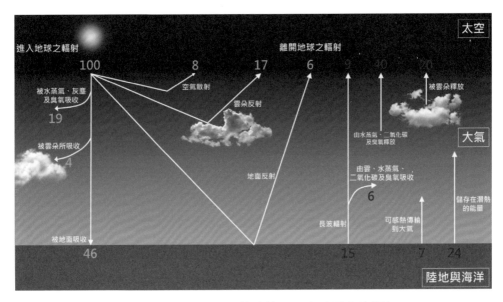

圖3.8　地球─大氣系統的能量平衡（百分比版）

資料來源：據FAA/NOAA重繪。

　　圖3.8是一能量的百分比來顯示的，圖3.9則是以功率密度（w m^{-2}）來顯示，數字比圖3.8中的百分比更精確些。

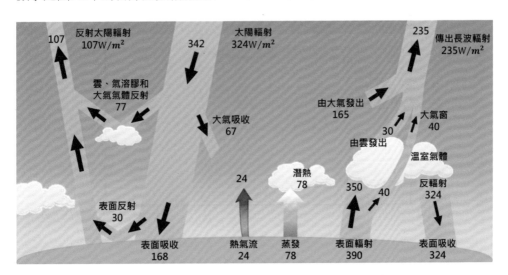

圖3.9　地球─大氣系統的能量平衡（功率版）

3.7. 地球之差異加熱（Differential Heating）與天氣現象

　　圖3.8或圖3.9的能量平衡圖只是針對全球的平均狀態而言，事實上每個地點在每段時間的能量平衡狀態都與此大有差異——全球平均平衡並不代表到處都隨時平衡，而大部分反而是處於不平衡狀態，此節將考慮緯度的因素。

　　圖3.10是實測每個南北緯度的太陽輻射的平均吸收量，以及該緯度的平均地表輻射量。可以看到，在較低緯度地區（約北緯35°到南緯40°左右）所吸收的太陽輻射量都超過該地的地表輻射量，也就是說，在這些緯度地區，能量的收入大於支出——所以有**能量盈餘**（energy excess）。反之，在較高緯度地區（高於南緯40°或北緯35°）所輻射出去的地表輻射卻大於它們所吸收的太陽輻射，所以這些地區卻是有**能量虧絀**（energy deficit）。由此可見，以緯度而言，大部分地區並沒有存在能量平衡的現象，而是低緯度（尤其是熱帶）有大量的能量盈餘，而高緯度地區則有大量的能量虧絀。

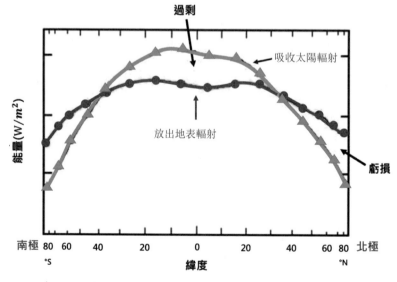

圖3.10　各緯度帶的吸收太陽能及放出地表輻射之能量分布圖

　　而一個物理化學系統（例如我們正在討論的地球—大氣系統）在沒有其他外力的干擾下，最自然的「動向」就是走向平衡[38]，包括能量平衡在內。所以上述這些緯度間的能量盈餘及虧絀也必須取得平衡——把低緯度的盈餘拿來補高緯度的虧絀，這當然需要有能量的運送者來執行這種互補的任務才行，而擔任這個任務的，就是每天發生的「天氣過程」。

　　因此我們從地球與大氣間的能量平衡觀點，得到一個結論：**天氣的發生並不是一個隨機的毫無來由的過程，而是肩負把低緯度地區過剩的熱量輸送到中高緯度地區來彌補那裡不足的熱量的任務**。所以許多天氣現象，乍看之下似乎雜亂無章，但我們如果追蹤夠久而且仔細分析，就會發現大部分的大尺度天氣系統都有由較低緯度往較高緯度地區移動的趨勢。舉個大家熟悉的颱風的例子：颱風就是發源於低緯度的熱帶地區（如靠近赤道的北太平洋區域），經過亞熱帶（如台灣），最終往較高緯度地區（如日本），而在那裡把能量消散掉。

　　而實際負責輸送這個能量的系統包括大氣與海洋，所以要談天氣以及氣候的變化，不能只注意大氣，也要同時注意海洋的狀況。這是因為大氣與海洋都是流體，它們才能有足夠的效率來輸送熱量。而固態的陸地則只扮演被動的角色，為什麼如此？這是下一節要討論的項目。

3.8.　熱量傳輸（Heat Transfer）的物理機制

　　熱量傳輸有三個機制：傳導、對流、輻射。分述如下：

▶ 3.8.1.　傳導（conduction）

　　傳導是一種依靠物質內的分子運動來把能量傳給緊密接觸的物體，它的傳輸方向總是由較熱的物體傳向較冷的物體，而且兩個物體溫差越大，傳導速率會越快。所謂溫差越大，就是指溫度梯度（temperature gradient）大的意思。任何物理特性（如溫度、濕度、氣壓等），只要兩個相鄰地區的值不同，它們之間就會有那個特性的梯度（gradient），使得該特性以一定的改變率分布在那個空間。以

38　這正是《老子‧道德經》第七十七章所説：「天之道，損有餘而補不足」的道理。

溫度梯度而言，它的數學定義是：

$$\nabla T=\left(\frac{\partial T}{\partial x}\hat{i}+\frac{\partial T}{\partial y}\hat{j}+\frac{\partial T}{\partial z}\hat{k}\right) \tag{3.2}$$

而被傳導的熱通量密度（heat flux density）q（即每單位時間通過每單位面積的熱量）則是

$$q=-K\nabla T \tag{3.3}$$

上式中的K稱為熱導率（thermal conductivity），（3.3）式指明了兩件事：（1）熱量傳導與溫度梯度成正比，但是方向相反；（2）熱量傳導與K成正比。（1）所說的就是之前提到的，兩邊溫差越大（梯度越大），傳導速率越快。而方向之所以會相反，是因為梯度本身是個向量，有大小也有方向，而按照（3.2）式，它是由低值指向高值（所有的梯度定義都是如此），也就是由低溫指向高溫；然而熱量的流動卻是有高溫流向低溫，因此方向與梯度正好相反。而（2）所指的是，熱導率越大，傳導的熱通量密度越大。這個熱導率是由傳導物質的本性決定的。有的物質容易導熱，例如我們許多人都經驗過的金屬導熱——金屬做的湯匙放在熱水裡，拿湯匙的手指很快就會感到熱流，但如果是陶瓷湯匙則基本上幾乎不會感到熱流。表3.1是不同物質的導熱率。

表3.1　不同物質的熱導率 [9]

物質	相態	熱導率（W m-1 K-1）
銀	固態	429
銅	固態	401
鋁	固態	250
鐵	固態	80
沙子（飽和）	固態	2.7
水（冰）	固態（0 °C）	2.18
砂石	固態	1.7
石灰石	固態	1.26~1.33
玻璃	固態	1.05

物質	相態	熱導率（W m-1 K-1）
水（液態）	液態	0.58
沙子（乾燥）	固態	0.35
土壤	固態	0.17~1.13
木頭（橡木）	固態	0.17
木頭（巴沙木）	固態	0.055
雪	固態（<0℃）	0.05~0.25
空氣	氣態	0.024
水蒸氣	氣態（125 ℃）	0.016

說明：1.除標示外情形，所有量測皆在25℃下進行。
　　　2.1 K相當於-272.15℃。

資料來源：FAA Advisory Circular 00-6B.

　　表3.1中大致可以看出，固態金屬都有頗高的熱導率，銀、銅、鋁都超過200，唯獨鐵差些。非金屬如石頭、玻璃、木頭等導熱率都很小，液態水也頗低。但氣態的空氣及水氣是此表中最差的導熱體，亦即在空氣中，熱傳導所扮演的角色很小，只在一個很小的範圍內。

▶ 3.8.2. 對流（convection）

　　對流是發生在流體（氣體及液體）內的一種熱傳輸的方式，能發生是因為流體能夠「流動」，這是有別於分子的隨機不規則運動，而是所有分子的集體一致的運動。最為大家所熟悉的例子就是燒開水，當水在鍋子裡被加熱時，我們首先觀察到鍋子經過傳導過程被爐火或電熱加熱，這時鍋子的熱同樣經過傳導傳到鍋中的水。但水是可以流動的，當接近鍋底的水變熱之後，它們的密度變得比在水面的冷水要小，結果熱水就有了浮力而浮到上面來；反之，原來在上面的冷水會因密度較大而下沉，而當它們沉到鍋底又會和鍋子接觸而變熱，於是上浮，而原先上浮的熱水在水面變冷而下沉，在整個過程中我們會看到這種上上下下的運動，這便是對流。每一次對流，水都會變熱一些，直到最後水沸騰為止。

　　空氣中也一樣會有對流，而且對流是空氣輸送熱量的一種很有效率的方式，在許多天氣過程中占主導地位（例如成雲過程），這些將在第8章會詳細討論。

▶ 3.8.3. 輻射（radiation）

　　我們在前面已討論過的輻射主要是原理方面，但日常生活中我們也時常感受到輻射的影響。寒冷的冬天早上，當太陽還沒出來時，到處都是冷颼颼的；但是只要太陽一出來，那些被太陽照到的地方馬上就會比太陽沒照到的地方要暖些，人們也都知道要站到有陽光的地方取暖[39]，這麼快的增暖速度唯有輻射辦得到。此外，走近正燒熱的火爐旁也很快就感到熱氣逼人，那也是輻射的作用。

39　這就是「野人獻曝」這個成語的內涵。典出《列子・楊朱篇》：「宋國有田夫，常衣縕黂，僅以過冬。暨春東作，自曝於日，不知天下之有廣廈隩室，綿纊狐狢。顧謂其妻曰：『負日之暄，人莫知者，以獻吾君，將有重賞。』」

第 4 章
大氣中的水分

水，是地球上最奇妙的東西；最奇特的一點是：它是地球上唯一能有三種相態都存在的自然分子（在實驗室裡用人為方法製造出來的不算）。空氣中有水的氣態分子——水蒸氣，我們以下稱為水氣。海洋中大量存在的是液態水，而在許多高山、高緯度及極地地區，常年都有冰雪覆蓋，那是水的固態。在大氣中的水分，除了水氣之外，還有液態及固態的水存在雲裡面。除了水之外，我們還找不出有其他自然存在的分子能以這三個相態出現在地球上。

水氣在大氣中是一個含量頗為稀少，而變異又非常大的一種氣體。在許多沙漠地區，例如北非的沙哈拉沙漠及中國西部的塔克拉瑪干沙漠，其空氣中的水氣含量幾乎就是零。然而在濕潤地區，例如台灣，常年的水氣含量都不少；在熱帶印度洋溫暖的海面上，水氣含量可以高達4%左右，這是非常潮濕的。這些都還只是地面上的狀況，水氣的含量在高空中資料並不多，但我們就已有的資料分析可知道，它的變異量也是非常大的。

絕大多數的水氣（~99%）都存在於對流層內，對流層頂之上的平流層是一個非常乾燥的層次，水氣濃度大致只在3-4 ppm左右，基本上是無法成雲的。這就是為什麼我們平常看到的雲，都是發生於對流層裡面。

雖然水氣濃度稀薄，卻對我們的生活環境有巨大的影響。我們一般所知的「天氣」不外乎冷暖、刮風、下雨，而下雨當然是水分造成的。對台灣有巨大影響的天氣災害首推颱風，而颱風帶來的最大災害就是豪雨成災，可見水的威力。我們在前一章圖3.8中看到，在被地表吸收的近70%的太陽能中，有多達24%是依靠「潛熱」（latent heat，見4.3節）的方式被帶上對流層高處而釋放出來的，而潛熱就是水分變出來的傑作，也是這一章要討論的項目。至於水分最直接、最為人所知的「成雲致雨」功能，將會在後面專章討論。

4.1　水分的相變化（Phase Change）

　　所謂相變化，就是指一個物體從它的某一個相態（氣態、液態或固態）變到另一個相態的過程。首先將水分的相變化過程的一些名詞定義說清楚，下面這些定義對任何物體（不止是水）的相變化都適用，不過在此專門針對水分來闡述：

（1）蒸發（evaporation/vaporization）：液態水變成水氣的過程。

（2）凝結（condensation）：水氣變成液態水的過程。

（3）昇華（sublimation）：固態水（冰）不經由液態而直接變成水氣的過程。注意：在傳統的英文定義裡，冰直接變成水氣或水氣直接變成冰，都叫做sublimation，不過近年來越來越多的科學家把sublimation認定只是由固態直接變為氣態的過程，而由氣態直接變為固態則稱為deposition（見下條）。

（4）凝華（deposition）：水氣直接變為冰的過程。

（5）融解（melting）：冰變成液態水的過程。

（6）凍結（freezing）：液態水變成冰的過程。

　　相變化和我們之前提到的「飽和」現象有關，在第2章討論相對濕度時，曾提到「飽和蒸氣壓」的概念。所謂飽和蒸氣壓，就是一團空氣可以容納的水氣濃度的極大值，而這個極大值的大小則由空氣溫度來決定。現在讓我們設想圖4.1的情況，這裡有一杯水，杯子沒有加蓋，杯子的下半部當然是液態水，而上半部則會有空氣和水氣混合在一起。

圖4.1　一個液態水和水氣的平衡系統

假設在某個溫度T_0，水面上的水氣的蒸氣壓正好達到飽和，那麼水和水氣會有什麼變化？答案是沒有變化。當水氣的蒸氣壓正好飽和時，我們稱之為「**水與水氣平衡**」，而所謂平衡就代表沒有變化，水和水氣都不會增多，也不會減少。

但是如果空氣溫度稍微變高到T_1時，情況又如何呢？我們知道，溫度越高，所需的飽和蒸氣壓也越高（這點後面會詳述），所以之前在T_0時可以飽和的蒸氣壓在這個時候就達不到飽和了。此時何事會發生？因為空氣未達到飽和（空氣比飽和還要乾燥些），所以液態水會蒸發成水氣，以便空氣中的水氣增多，往平衡的方向進行。如果空氣還是一直不飽和，到最後是所有的液態水都蒸發殆盡。我們日常經驗也是如此：如果空氣乾燥（未飽和），剛洗完的潮濕衣服晾一下就乾，因為液態水會很快蒸發掉。

反之，如果空氣溫度稍微變冷到T_2時，之前的蒸氣壓變得超過飽和。在此情況下，那超過飽和的水氣會凝結成液態水，以便減少大氣中的水氣濃度（減低蒸氣壓），這同樣也會使情況回到平衡狀態。這些凝結的水不只可能落到杯中的水面，更可能凝結在杯子周邊。這又是我們的另一日常經驗：把杯中的水加一些冰塊，使得杯子附近的空氣也變冷，需要的飽和蒸氣壓也降低，結果杯子周圍空氣過飽和，開始在杯子上凝結成一片露水（圖4.2），有點像汗珠的樣子，就是這個緣故。這也是一般認為，露水之產生就是因為夜晚溫度降低，使得空氣中水氣達到飽和，使得地上草葉上開始結成露珠的過程。而使得因降溫而達飽和的溫度就是我們以前提過的**露點溫度**。

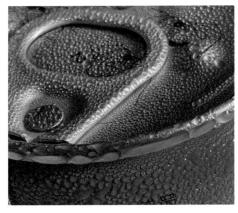

圖4.2
剛從冰箱中取出的冷飲瓶罐上常會出現「出汗」的現象，其實表示飽和的水氣凝結在瓶罐上的物理。由於鋁罐上溫度比周遭空氣冷得多，接觸鋁罐的空氣溫度急速降低而達到飽和，結果空氣中的水氣凝結成罐子上的粒粒「汗珠」。

資料來源：王寶貫拍攝。

以上論述的是水—水氣的平衡過程，那是發生在溫度是攝氏零度以上的狀況。假如空氣溫度是在攝氏零度以下，那就有可能不是水—水氣平衡，而是冰—水氣平衡，因為在零下的溫度凝結態的水有可能是冰，而不是液態水。這種情況下，如果水氣過飽和，有一部分水氣表會開始凝華成霜（frost）（見圖4.3）。氣象學上把用降低溫度的方法（但同時也保持蒸氣壓不變）來使空氣達到飽和的溫度點稱為霜點溫度（frost point temperature）。當然，如果空氣是未飽和，則冰霜也會昇華成為水氣。

圖4.3　在寒冷的環境中，過飽和的水氣會凝結成霜，如同此圖中樹枝上的霜。
資料來源：王寶貫拍攝。

4.2　過冷水（Supercooled Water）

前面提到「在零下的溫度凝結態的水有可能是冰」，這句話是隱涵了「在零下的溫度凝結態的水有可能不是冰」。這似乎違反了一般常識所說的「液態水在攝氏零度以下會結成冰」，而事實上，在大氣裡，空氣溫度在0°C以下，而液態水卻還不結成冰是經常有的事，甚至到了-15°C這樣冷的溫度，還有大約一半的雲仍然是由液態水滴組成的。

這種低於0°C的液態水叫做「過冷水」，而由過冷水組成的雲叫做過冷雲。過冷水的特點之一就是不穩定，一旦碰撞到固體表面常常是很快就結成冰，這種

特點對飛航是個很大的危害。當一架飛機穿過一排濃密的過冷雲時，過冷水滴會與機體碰撞而立刻凍結在機身、機翼、尾舵上，黏得非常牢固，變成一層不易移除的冰層，這就是飛航安全上所謂的「**積冰**」（icing）現象。[40] 嚴重的積冰會改變機身、機翼或尾舵的形狀，一旦形狀改變有可能導致飛機升力減弱或喪失而墜毀。關於積冰，後續還會詳論。

這種一碰固體即凍結的現象如發生在地面上就叫做**凍雨**（freezing rain），有凍雨的路面比雪花覆蓋的路面還要滑溜，是汽車駕駛人最糟糕的噩夢路面。

4.3　潛熱（Latent Heat）

物質的相變化發生時，會有附帶的熱量交換，這些被交換的熱量稱為潛熱。它之所以被稱為「潛」，是因為這個熱量交換發生後，卻沒有給物質帶來溫度的變化，所以我們無法從測量溫度的改變查知這項交換。如果可以由溫度變化查知，那就叫做可感熱（sensible heat），而不叫做潛熱了。

舉例來說，一塊溫度為0°C的冰要融解成為一團0°C的液態水必須吸收熱量，但在融解時，冰和水的溫度都是0°C，即是這兩個變化的個體本身溫度並沒有因為相變化而造成溫度的改變，所以僅靠量冰和水的溫度是看不出有熱量交換的。那熱量交換是怎麼回事？吸收的熱量從何而來？答案是，被吸收的熱量乃是從「環境」而來。以熱力學角度來說，這裡的「熱力系統」是冰和水，而「環境」就是它們周遭的空氣，所以周遭空氣會有熱量被冰吸收來融解成水，因而周遭空氣會變冷。這樣才能符合「能量守恆」或「能量不滅」（conservation of energy）的原理。

空氣一旦變冷，它自然也會使得在其中的冰和水變得冷了些，但那是由於其後的熱傳輸（傳導或對流）作用，而不是由於相變化的關係。表4.1列出水分的相變化各個過程相關的潛熱及對周遭環境的影響。

40　積冰不只是過冷水滴會引起，冰粒子碰撞機身也有可能，但過冷水的問題最嚴重。

表4.1　水分的相變化潛熱及對周遭環境的影響

過程	潛熱*（joules/gram）	對周遭環境影響
蒸發	吸收2501	環境變冷
凝結	釋放2501	環境變暖
融解	吸收334	環境變冷
凍結	釋放334	環境變暖
昇華	吸收2834	環境變冷
凝華	釋放2834	環境變暖

說明：*潛熱數值有四捨五入。

資料來源：作者整理。

　　表4.1中可看出，昇華吸收的潛熱=蒸發潛熱+融解潛熱（注意表中數字有經過四捨五入），所以從冰直接變成水氣（一個步驟）和先從冰融解成水，再從水蒸發成水氣（兩個步驟），以能量變化來說是一樣的。同樣道理，凝華會放出潛熱，其量等於兩個步驟（凝結+凍結）所放出的潛熱總和，都是同樣道理。

4.4　水分的相變化圖

　　圖4.4是水分的相變化圖[41]，垂直座標是水的蒸氣壓，而水平座標是溫度。圖中的曲線（實線和虛線）代表「飽和蒸氣壓」曲線，意即任何在曲線上的一點都代表飽和狀態。例如圖中的α點位於曲線A之上，它的溫度是4℃，而蒸氣壓是8.13 hPa，正好飽和。因為A曲線是水和水氣之間的平衡，這代表在α點（4℃，8.13 hPa）時，水不會蒸發，也不會增多。但是如果空氣是在β點（4℃，9.0 hPa），則它不在曲線上，所以並非平衡態。它的蒸氣壓超過飽和，是屬於「過飽和」的狀態，此時應該會有許多水氣凝結成水，以便減少水氣，降低蒸氣壓，

41　這個圖是根據克勞修斯—克拉佩龍方程（Clausius-Clapeyron equation）做出來的，這個方程就是制定了飽和蒸氣壓與溫度間的關係。克勞修斯（Rudolf Julius Emanuel Clausius, 1822-1888），德國物理學家兼數學家，熱力學的奠基人之一。克拉佩龍（Benoît Paul Émile Clapeyron, 1799-1864），法國物理學家及工程師，也是熱力學奠基人之一。

直到蒸氣壓降至8.13 hPa為止（β點落在「水」區域內，代表反應方向是產生水）。

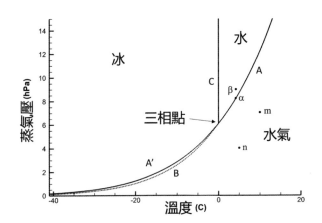

圖4.4　水分的相變化熱力學（曲線代表平衡狀態）

　　另一點m點剛好相反，它是落在「水氣」區域內，代表空氣在m點的狀況下，是朝向產生更多水氣的反應，也就是液態水應該蒸發成為水氣。假如空氣是在*m*點的狀況，他要如何才能達到飽和？理論上來說，有無限多種路徑可以達到，但最常見的路徑就是：蒸氣壓保持不變，而溫度一直降低。我們知道，溫度越低，需要的飽和蒸氣壓越低，因此溫度降到一定程度，這團空氣遲早就會達到飽和。這個過程，可以從圖4.4中來了解。溫度降低而蒸氣壓保持不變，就是說從m點向左劃一條水平線過去，當這條線和A曲線相交時，相交的那一點就是達到飽和時的狀況。而這種保持蒸氣壓不變而依靠降溫來達到飽和時的溫度，就是我們之前提過的露點溫度。

　　圖4.4上還有一點n點，它和m點一樣也是在「水氣」的區域，因此也是水（或冰）會蒸發的情況。我們如果也像上述的過程一樣，保持蒸氣壓不變而降低溫度來達到飽和，那麼我們從這一點向左劃一條水平線直到和飽和曲線相交。可是這一次相交的點會落在A'曲線上，而這曲線卻不是水—水氣平衡，而是冰—水氣平衡！這時的溫度便是上面提過的霜點溫度，而一旦達到這裡，再冷下去，就應該會有霜出現了。

　　圖4.4上還有一條B曲線，那是過冷水的飽和蒸氣壓曲線，它在雲裡會有特殊的效應，我們留待討論成雲及積冰的過程時再來詳細解說。

4.5　　水文循環（Hydrological Cycle）

　　上節所提到的潛熱對我們在第3章所論述的天氣傳輸熱量的機制很有關係。首先來了解一下何謂水文循環。古人對於天氣的來去不甚了解，對於雨雪的「水的源頭」更是一無所知，甚至有學問的哲人也多所誤解。[42] 現代科學終於把地球上的水（海水、河水、雨水、井水等等）之間的關係弄得清楚了一些，發現原來地球上的水絕大多數都是「循環不已」而已，當然其間有許多細節過程，看似複雜，其實都有簡單關係。圖4.5是地球上的水文循環示意圖。

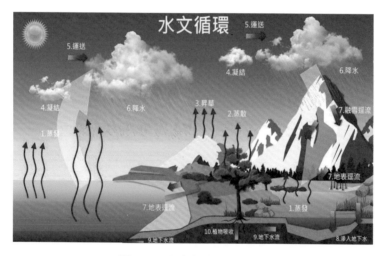

圖4.5　地球上的水文循環

　　要討論「循環」，我們必須要先決定我們討論的主角是什麼？這裡我們要把大氣中的水氣當主角，那麼地球上最大的水氣來源，當然就是海洋（占地球表面積的70%左右）的蒸發。地球的大氣絕大多數時候都是處在未飽和狀態，所以大

42　東周時代的哲學家莊子（約369-286BC）有一段關於水文平衡的論點：「天下之水，莫大於海。萬川歸之，不知何時止，而不盈；尾閭泄之，不知何時已而不虛。」當時不知道水是一直在循環的，而是認為海水一方面有大量的江河注入，卻不會滿溢出來，所以應該是有一個出口（尾閭）一直不停地把水排出去，才能有這樣的不盈不虛的平衡。這個理論第一階段雖講得通，但是卻會造成這理論第二階段的困難——那尾閭排出的水又到哪裡去了？而我們這裡講的水文循環就沒有這個困難，所以這兩個理論的優劣可從此看出。

片的海洋面上都是處於蒸發狀態，而這蒸發的水氣就是大氣中水氣的主要來源。其他的來源還有陸地上的江河、湖泊、高山上與極地的冰雪，乃至天空中正在蒸發消散的雲，以及植物體上散發出來的水氣（稱之為蒸散過程，transpiration）也都是來源，只不過比起海洋的來源是小得多。

　　有來源當然也要有去處，就是匯坑（sink）。大氣中的水氣最重要的匯坑就是降水（precipitation）；凝結成雲（包含水滴和冰粒子）也是匯坑之一，不過大多數的雲還沒有產生降水就蒸發消散掉了，所以雲這個匯坑沒有降水的大。降水除了落入海洋之外，當然也落在陸地上，一部分直接流入低窪的地區如江河湖泊，這些都稱為逕流（runoff）；另外，有部分的液態水會滲入地下，這部分稱為滲透（infiltration）。

　　最後還有一部分也必須計算進去的是「運送」（transport）的部分，因為人們在討論「蒸發」時，只會注意量水面的蒸發量，而降水則是要凝結已經發生之後才算，而顯然有些水氣是已經蒸發很久被送到高空（所以不會被計算在水面蒸發內），但又還沒有凝結（所以不會計入降水內），因此它們被歸類為運送中的部分，這一部分過往常常被遺漏，現在大家覺得應該補起來。

　　因此如果地球上的水是完全平衡的話，則我們應該有「水文平衡」如下式：

$$來源+運送+匯坑=0 \tag{4.1}$$

在這個關係式中，現在大氣科學界絕大多數都是「假設」地球上有水文平衡，實際證明卻很困難，因為要準確估計水分含量是一件很不容易的事，最主要原因就是因為水分的分布太不均勻了，而這不均勻又是因為它在適當的大氣環境條件下，可以三個相態都存在而引起的。舉例來說，我們僅僅「雲量」一項就得不到準確的結果，因為雲的分布是三維的，而且隨時間變化得很快。所以許多研究機構，如美國的NASA及NOAA，都在努力發展準確測量雲量及決定其中水分的相態的技術，以求能夠改善對全球雲量的估計。

4.6　水分對天氣的影響舉例

　　我們說過，水分是天氣過程的要角之一，成雲致雨過程要留待後面章節討

論，這裡我們舉一些比較廣泛的例子來闡述一下水分對天氣的影響。

▶ 4.6.1　水分對晝夜溫差的影響

　　我們如果仔細觀察一些晝夜溫差的現象會發現：在類似的白天氣溫下，如果空氣乾燥無雲，晚上氣溫會降得很快；反之，如果空氣較潮濕，特別是天空中有雲的話，晚上氣溫就不會太低（圖4.6）。前者典型的例子像美國加州的洛杉磯，那裡夏天白天氣溫可能高達30°C，但是日落後，氣溫可能就迅速降到15°C，而且越晚越冷。其原因就是因為空氣乾燥（相對濕度經常在20-30%左右），空氣中沒有多少水氣可以來進行溫室效應，地表輻射幾乎毫無阻擋直接射向太空，散熱非常快。許多從台灣初到洛杉磯的人可能會被當地夏天夜晚的冷嚇一跳，幸好許多那樣的夜晚都不太有風，還不至於寒徹骨。

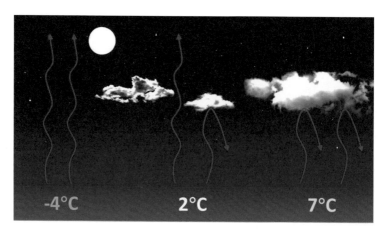

圖4.6　在中緯度地區的秋冬季節，假設白天氣溫類似，在不同雲量情況下的夜間溫度的三種可能情況：（左）無雲；（中）少雲；（3）多雲。可見雲及水氣的溫室效應對晝夜溫差影響重大。

資料來源：據NOAA/FAA原圖重繪。

　　然而像台灣則是相反的情況：台灣往往是夏天白天31、32°C，而晚上也在27、28°C左右，那是因為台灣相對濕度大，天空也因對流較旺盛往往有雲覆蓋。這些水氣和雲都能有頗強的溫室效應，使得地表輻射會被截留很多，在低層空氣來來回回輻射，結果夜晚溫度降不下來。

▶ 4.6.2　可感熱之傳送與熱泡現象

可感熱（sensible heat）顧名思義，就是可以用溫度變化測出來的熱量，這是有別於潛熱這種不會表現在溫度變化上的熱量。[43] 可感熱可以藉由傳導與對流來輸送，由這種輸送方式產生的現象例子之一，就是所謂的**熱泡**（thermal）現象（圖4.7）。

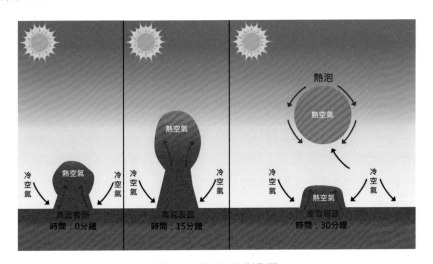

圖4.7　熱泡形成過程

資料來源：據NOAA/FAA原圖重繪。

想像一個晴朗的白天，大清早太陽尚未升起時，地面溫度大致平均；當太陽升起後，由於各地地貌地形可能不同，或者由於某種大氣擾動之故，各地點的溫度會有不同，因而貼近地面的空氣受到地面傳導來的熱量及溫度也就不一樣。我們前面說過，在氣壓相同的情況下，暖空氣的密度較低，而冷空氣的密度較高，因而暖空氣會上浮，而冷空氣則做出相對的下沉行動[44]（圖4.7左），這正是所謂

43　不過前面說過，潛熱一經釋放到環境裡，就會改變環境的溫度，所以最終還是會變成可感熱。不過本節所說的可感熱，暫時不考慮由潛熱變成的部分。

44　空氣是一個連續的流體，而且在一般的運動狀態下可以當作是不可壓縮的流體。在這些條件下，若有部分的空氣上升，定會導致某部分的空氣下沉來補充上升空氣原來的空間，要不然那原來的空間會變成真空，而那是不可能之事。

的「對流」。這上升的暖空氣團如果浮力夠強，它會上升拉長成柱狀，最後由於流體不穩定性，會導致上端斷裂成一個暖氣泡，就是熱泡。熱泡的形成其實就是可感熱被對流機制從地面帶到較高層空氣的過程。

熱泡內因為還沒有達到水氣飽和，因而沒有凝結物，所以人眼是看不見的。但是在晴朗日子裡（尤其是夏季），高空中的熱泡是很常有的現象，而一些能高飛的鳥類（例如老鷹、鳶、鵟之類的猛禽）就能直覺地利用熱泡的浮力來支撐牠們的重量，而不需要搧動翅膀來產生升力，只需把翅膀張開承受熱泡的浮力就可了。人們常用類似「老鷹在空中盤旋」這樣的句子來營造文章中某些氣氛，台灣在筆者小時候，城市發展程度尚未如今天之盛，常能看見台灣黑鳶在空中盤旋，而母雞在地上則會十分緊張地照護牠周遭的一群小雞。所謂「**盤旋**」（soaring）就是用來形容這種不用搧動翅膀就能自在地懸浮在空中的行為。

這種盤旋的行為也啟發了人類利用熱泡來飛翔的靈感，滑翔機的訓練之一，就是需要會利用飛翔在熱泡裡以便逐漸升高；而當一個熱泡的升力減弱之後，還要能夠再找到另一個新鮮的熱泡才有足夠的升力來利用。

而熱泡的現象就代表了地面的可感熱藉由這種對流現象被帶到了高空，如果在某個高度熱泡裡的空氣達到飽和了，就會形成雲，繼續往上增長，進而把能量帶到更高的高空，這也是把低緯度過剩的能量往高緯度輸送過去的一部分過程。

第 5 章
風的生成與風系

　　風對於飛行而言無疑是個中心議題，飛機的飛行有賴於風，就像船隻的航行有賴於水一般，而飛行本身也會產生風。當然，我們這裡要談的是自然的風。

5.1 風的生成

　　風，是空氣的流動，可是風的運動規律遠比一般人所想像的要複雜得多，這是因為一般人大多本著自身的經驗去了解風，但那只是小尺度的風，大尺度的風會受到地球轉動的影響而使得他們的運動變得很複雜而超乎一般人的理解。這一節，我們要來討論影響風的三個主要的力。

▶ 5.1.1　氣壓梯度力（pressure gradient force）

　　一團原來靜止的空氣，如何才會開始有風動了起來？答案是因為有氣壓梯度力。這是因為氣壓在空間分布不均勻的緣故。氣壓梯度是個向量，其方向的定義是從低壓指向高壓，而氣壓梯度力（當然也是個向量）則與梯度的方向相反，由高壓指向低壓（圖5.1）。所以風一開始時，方向就是由高壓吹向低壓。而風速則是大致和梯度的大小成正比，氣壓梯度大，風速就大，反之亦然。

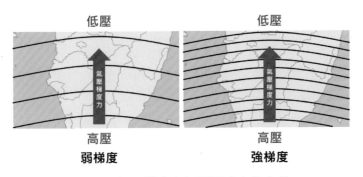

圖5.1　氣壓梯度和氣壓梯度力的定義

説明：黑色的等值線是等壓線，同樣數值的等壓線排列得越密（右圖）代表梯度及梯度力較大；反之，排列得越疏則梯度及梯度力都越小（左圖）。

　　在短時間內，氣壓梯度力就是掌控風向、風速的主力。但是如果風持續地吹（這當然也就是說空氣走了很長的一段距離），那麼另一個力的作用就會開始明顯地出現了，這個力就是下一節要討論的**科氏力**。

　　我們在第2章說過，地面天氣圖上的等值線是等壓線，所以等值線的間距大小就代表氣壓梯度的大小。但是高空天氣圖上的曲線畫的是某個氣壓面的等高線，但是等高線的間距也同樣代表了氣壓梯度的大小。

▶ 5.1.2　科氏力（Coriolis force）

　　科氏力是一個「假力」（apparent force），它是由於一個觀測者因為自身處於一個轉動座標系統而觀測到的物體運動情況。我們自己就是處在一個轉動座標上，因為地球一直在自轉中，所以我們觀測到的許多天氣現象都受到科氏力的影響。我們雖然在理智上知道地球在轉動，可是身體幾乎沒法自覺到地球在轉動，所以有許多大氣的運動看起來像是「風在轉圓圈」，其實那是因為地球在轉動，使得你產生「風在轉」的表象。這種表象對於我們來說感覺非常真實，那是因為我們一點也不直覺我們自己在轉動，就像我們看到太陽月亮東升西落時，多半不會感到那其實是因為你腳下的地球轉了的關係。

　　大氣運動是可以由牛頓所創立的古典力學來敘述，但是一般的古典力學是設定在一個非轉動座標──稱之為「慣性座標」（inertial coordinates）上的系統。在慣性座標裡，一個直線運動中的物體如果突然轉了彎，那一定是受到某種力的作用的結果。但是就如上段所述，在轉動地球上看起來像是轉彎的運動其實只是由於觀察的人自己在轉動方向而已，沒有真的什麼「力」在使這個東西轉彎。但是為了要仍舊能使用我們熟悉的古典力學來敘述或研究這些運動，我們把它加上一個假力，把這樣的轉彎歸諸於這個假力的作用，會使得我們的腦筋輕鬆許多。這個假力，就是「科氏力」。

　　圖5.2是科氏力作用的一個簡單說明圖，一個站在轉動圓盤上的人踢出一個足球，對不在圓盤上的旁觀者而言，他會看到足球沿著黑色箭頭方向直線射出。可是對站在圓盤上的人來說，因為他是隨著圓盤轉動，他會觀察到球是以白色實線的軌跡在圓盤上行動，而這非直線的軌跡，就是因為圓盤轉動之故，這就是科氏效應（Coriolis effect）。

圖5.2 球員在一個轉動的圓盤上踢足球，靜止的旁觀者會看到足球以直線軌跡射出（粗黑箭頭），而在轉動座標上的球員則會看到球以彎曲的軌跡射出。

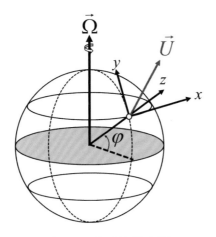

圖5.3 地球轉動座標

　　科氏力的「科氏」指的是法國物理學家科里歐利斯（Coriolis）[45]，他是把這個假力研究得較有系統化的人。科氏力對於任何轉動系統都有同樣作用，以下我們只以地球的轉動系統（圖5.3）為討論的對象。科氏力的數學公式如下：

$$\vec{F_c} = -2m\vec{\Omega} \times \vec{U} \qquad (5.1)$$

---

45 科里歐利斯（Gaspard-Gustave de Coriolis, 1792-1843），法國數學家，工程物理學家。他也是提出「一個力對一個物體作用一段距離」這個概念，並稱之為「功」（work）的人。

上式中，m是空氣質量，$\vec{\Omega}$是地球自轉的角速度，而$\vec{U}$則是空氣的速度。（5.1）式是個三維的公式，如果我們只考慮在地表上的運動的話，我們得到（暫時不管方向）：

$$F_c=2mU\Omega\sin\varphi=mfU \qquad\qquad (5.2)$$

其中φ是緯度角。而

$$f=2\Omega\sin\varphi \qquad\qquad (5.3)$$

稱為科氏參數（Coriolis parameter）。

　　（5.3）式指出，科氏力的大小和$\sin\varphi$成正比。在赤道（$\varphi=0$）科氏力為0，而越往極地逐漸變大。而（5.2）式又指出，科氏力和速度的大小成正比，速度越大，科氏力也越大。那麼方向呢？由（5.1）式的叉乘可以得出，科氏力是指向$\vec{U}$的右方（這照圖5.3，用右手定則可以得到）。但是注意，圖5.3是北半球的情況。在南半球，$\vec{\Omega}$的方向和圖5.3正好相反，所以在南半球，科氏力指向速度$\vec{U}$的左方。而不管是南北半球，科氏力的方向總是和速度是互相垂直的。

　　對一個運動中的物體（例如空氣塊）而言，和運動方向垂直的力不會改變速率的大小，只會改變運動方向。科氏力既然老是和空氣塊的運動方向垂直，它的作用也就是一直改變運動方向。在明白了科氏力的作用之後，我們就來看一下，一團空氣塊在兩個力——氣壓梯度力和科氏力的作用下的後果。

　　圖5.4顯示了一個空氣塊遭受到初始的氣壓梯度力（PGF）作用之後，他的速率及方向（即風速風向）的變化情況。首先，圖5.4代表的是500 hPa的天氣圖，所以如同第2章說過的，上面的線條是500 hPa的等高線，5700代表5700 m，餘此類推。PGF當然是由高壓指向低壓，這就是最左邊的黑箭頭（由南向北）。為了簡單起見，本圖中假定，等高線是等間距的，所以梯度以及氣壓梯度力都是固定的。當氣塊移到左邊第二個點位置時，風速已比第一點要快，那是因為PGF這個力一直在給氣塊加速的關係。但當氣塊開始有速度的時候，科氏力（灰箭頭）也開始發生作用，而這個力方向是指向速度的右邊。PGF和科氏力的合力（兩個力的向量和，藍箭頭）就是風吹的方向。我們看此時風向已經不再和等高線垂直，但與等高線也並不平行，而是有一個夾角。

　　到了第三點位置時，PGF仍然不變，也仍然會是風加速，但是其加速程度不如以前之大，因為只有沿著風速方向才有加速作用，而現在這個分量變小了。但科氏力則因風速較大而且更高緯度這兩個因素而變得更大，因而兩個合力使得風向變得漸漸與等高線平行。到了第四點，風速更大，科氏力大到與PGF相等，但是此時風速已轉到和等高線平行，PGF和風向垂直，而科氏力也與風向垂直，但是與PGF正好方向相反，結果是PGF與科氏力互相抵消，再也沒有合力加速氣塊。從此以後，風仍然在吹（而且風速不小），但不會變更快，風向也一直與等高線平行。

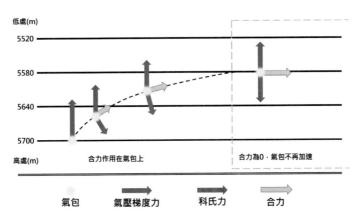

圖5.4　一個氣塊在氣壓梯度力和科氏力的作用下，終究會沿著等壓線方向移動。

　　上述還只是用直線式的等高線做例子，如果是曲線式（例如圓圈）的等高線，用同樣方法可以推論出來，在北半球，圍繞著高壓中心的地轉風一定會變成順時針轉，而圍繞著低壓中心的地轉風一定會變成反時針轉（圖5.5）。

　　上述我們指出，在第四點位置時，PGF與科氏力互相平衡，結果使得風是沿著等高線（和等壓線）的方向吹，這種平衡狀態被稱為「地轉平衡」（geostrophic balance）。而在有地轉平衡時所產生的風稱之為「**地轉風**」（geostrophic wind），它的特點是，風向與等壓線或等高線是平行的（或者也可以說，風向是在等高線或等壓線的切線方向──這在彎曲的等高線或等壓線情況下比較準確），而風速與氣壓梯度成正比。

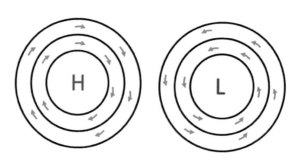

圖5.5　當等壓線是圓圈時，利用像圖5.4的分析方式，可以推得，在北半球的高壓
　　　中心周圍風是以順時鐘方向運行，而在低壓中心周圍是一反時鐘方向運
　　　行。南半球則相反。

　　地轉風雖是一個理想狀態的風，它卻與許多實際觀測到的風非常近似。它在
什麼情況下最接近真實觀測到的風？那就是在（1）沒有摩擦力（因而高空或者
海面或平原情況較符合）；（2）沒有加速度（因而對流層中部最符合；對流層上
層會有較大加速或減速情況[46]）的情況下，結果是大概500-600 hPa左右最符合。

　　圖5.6是一幅東亞地區500 hPa的天氣圖，仔細比較這裡的風向、風速、等高
線的走向以及梯度（越密集的地方代表梯度越大），我們可以看出，它們的確大
致符合地轉風的條件。事實上，有些地方如果缺乏實際風的觀測資料但有等壓線
的資料的話，用地轉風來作為第一步的近似設定也不失為一種可行的方法。

　　但是除了氣壓梯度力和科氏力之外，還有第三個力我們也必須考慮，才能獲
知真正風力的全貌，這就是摩擦力。

46　那裡會有較多的「輻合」（convergence）或「輻散」（divergence）的流場，而那種流場是代表有加速
　　度存在。

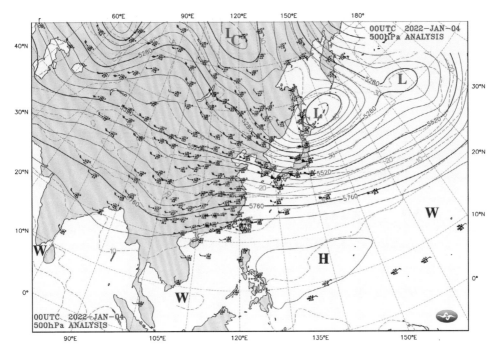

圖5.6　2022年1月4日00UTC的500 hPa東亞地區天氣圖

圖片來源：中央氣象局。

▶ 5.1.3　摩擦力（friction force）

　　我們大都了解摩擦力，我們之所以能夠在陸地上走路，基本上是因為摩擦力。當我們腳踩在地上往後蹬時，由於地面的粗糙度很大而產生了摩擦力，使得我們的腳掌不致於往後滑動，地面反而產生了「反作用力」使得我們向前移動。假如我們走到的不是一般土地，而是光溜溜的冰上，尤其是那種剛剛下完「凍雨」（freezing rain）上面鋪了一層薄冰的地面，奇滑無比，不要說往前走了，很可能就原地來個垂直旋轉摔了一跤，因為冰上的摩擦力是太小了。

　　風是空氣的流動，因此這一種有質量有速度的運動吹過地面時，一樣會產生摩擦力。顯然這種摩擦力在靠近地面作用比較大，在高空不太有作用。而在同樣的風速條件下，地面越粗糙則一般而言摩擦力越大。所以當我們考慮近地面的風向風速時，勢必要把摩擦力的作用考慮進去。

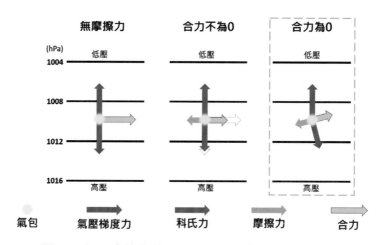

圖5.7　加入摩擦力後，平衡的風向會偏向低壓一側

　　在圖5.7中，最左邊是沒有摩擦力，純粹是地轉風的狀況，PGF=科氏力，這個前面已經說明過了。現在假定風開始產生摩擦力，一如中間那幅所示。這種情況下，由於摩擦力的方向會正好與風相反，因此必定會造成風速減弱。但是我們記得，科氏力是與風速成正比的，風速減弱必定會導致科氏力也減弱，因此原來與PGF同樣大小的科氏力會變小，所以現在這三個力並不會平衡。而一旦力不平衡，整個風力系統一定會要調整到直到平衡為止（所有的物理系統都是如此），那要如何才會達到平衡呢？那就是風向會略微轉向低壓的那一邊，就如右邊那幅圖所顯示的。如此一來，科氏力和摩擦力的向量和力可以正好抵消PGF，因而達到平衡。至於轉向的角度是多少？這就看摩擦力的大小（當然和風速及地面粗糙度有關）了；水面及平坦地面大概會往低壓方向轉10°左右，而在山陵起伏處可以轉向到45°或更多。

　　所以摩擦力總的影響結果是：在北半球地面會使得圍繞低壓中心的風以反時針螺旋方向向低壓中心吹入，而圍繞高壓中心的風則以順時針螺旋方由高壓中心吹出，如同圖5.8所顯示的一樣。

　　在南半球地面會使得圍繞低壓中心的風以順時針螺旋方向往低壓中心吹入，而圍繞高壓中心的風則以反時針螺旋方向由高壓中心吹出，這與北半球相反的旋轉方向當然是由於科氏力方向相反的關係。

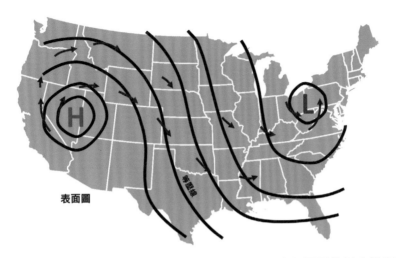

表面圖

圖5.8　加入摩擦力後，在北半球的高壓及低壓中心周圍的風向情況

資料來源：據FAA原圖重繪。

5.2　全球環流

　　了解了風生成的基本力學之後，我們來探討全球尺度的風大致是個什麼情況。風，其實是很複雜而且隨時隨地都在變化中，在這一節中只是描述一個大致的平均狀況，而且只是針對大尺度的觀點而言。

　　在第3章我們討論過太陽輻射，其中我們提到，太陽輻射最強的地方是在低緯地區，平均而言，最強在赤道地區。因此，假如地球不轉動的話，我們可以想像，因為赤道附近最熱，空氣溫度也應最高。因此熱空氣在此上升（因而這裡地面會變成一個低壓區），到某一高度開始流往極區，在那裡空氣變得很冷而下沉（因而這裡地面會變成一個高壓區），再循著低層大氣及地面流回赤道區，周而復始，如同圖5.9所示的。在這種情況下，地面風向很容易預測——就是有極地的高壓吹向赤道的低壓，完全就是氣壓梯度力的作用。[47]

---

47 這個單一環流胞的設想，是英國律師及業餘氣象學家哈德里（George Hadley, 1685-1768）為了要解釋貿易風而提出來的構想。但哈德里其實有考慮到地球轉動的因素，所以不是單純像圖5.9一般。

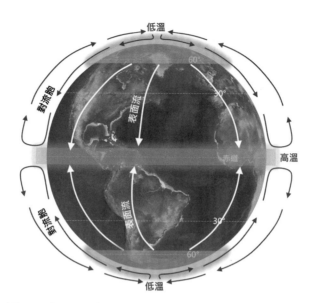

圖5.9　假如地球不轉動，全球風向會大致如此圖所示

　　然而我們都知道，地球是在轉動的，因此我們還要把地轉的因素加進來，結果就成了所謂的「三胞環流」（three cell circulation），如圖5.10所示。

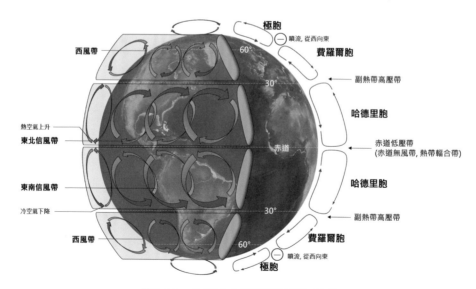

圖5.10　全球大氣環流的三胞模式

　　這三個環流胞分述如下（我們以**北半球**的情況來敘述，南半球因為科氏力相反，風向和北半球呈鏡像對稱）。

▶ 5.2.1　哈德里胞（Hadley Cell）

　　這個環流胞基本上就是像圖5.9所示，暖空氣從赤道區升起到高空轉向高緯度移動，但是到了緯度30°左右就開始下沉，在那裡的地面流回赤道區。但是因為地球的轉動會有科氏力的效應，導致當北半球氣流往南流時會向右偏轉，結果是在赤道與緯度30°的地區之間應當經年吹東北風，故這一帶成為「**東北信風帶**」（Northeasterly trades）。而高空風向則是西南風（吹向東北），沿著赤道形成一個低壓帶，而沿著緯度30°的下沉氣流則在該地形成高壓帶。

　　低壓帶的上升氣流有利於成雲致雨，因此赤道帶一般可以預期是比較濕潤的氣候；反之，高壓帶的下沉氣流容易造成乾燥的情況，不但不利於雲的形成，甚至會使得原來有的雲也會蒸發掉（因為下沉氣流會有因壓縮而增溫的特性，會減低相對濕度），因此沿著南北緯30°圈有許多大沙漠形成，例如北非的沙哈拉沙漠、阿拉伯半島、北美的索諾蘭—齊瓦瓦沙漠（以上在北半球），以及南半球的澳大利亞、南非洲的納米布—卡拉哈利沙漠及南美洲的秘魯—阿塔卡馬—巴塔哥尼亞沙漠都位在這個高壓帶附近（圖5.11）。當然，也有沙漠並不在這個帶上，那是別有原因了。

　　哈德里胞的上升段處於赤道區，而下沉段位於較高緯度，所以上升段是暖空氣，而下沉段是冷空氣，符合「暖空氣上升，冷空氣下降」的自然對流現象，因此這個環流胞被稱為「直接環流胞」。

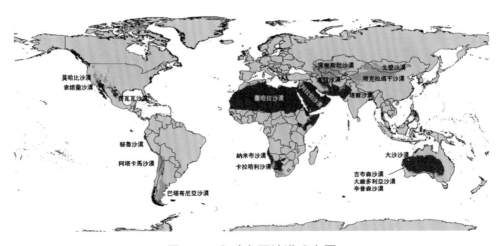

圖5.11　全球主要沙漠分布圖

資料來源：據Ali Zifan, CC_BY 4.0底圖重繪。

▶ 5.2.2 費羅爾胞[48]（Ferrell Cell）

這個環流胞的垂直環流是於北緯60°一帶有上升氣流，在高空向南吹動，在北緯30°附近與哈德里胞的下沉段合流而下沉，在此由地面的西南風循環回至北緯60°左右。

因此在地面大致是西風，因而緯度30-60°間被稱為**盛行西風帶**（prevailing westerlies）。在北緯60°的緯度帶上有許多森林分布，與上升氣流區的潤濕氣候有關。

與哈德里胞不同的是，費羅爾胞是冷空氣上升，暖空氣下降，顯然不是自然的直接環流，而是一種機械作用產生的「**間接環流**」。50-60°附近的上升氣流造成這個緯度帶也是一個低壓帶，風暴以7至9天一次的頻率在這一帶運行。這種帶有規律的風暴系統引發了「**極鋒理論**」（polar front theory），是近代氣象學的開端。

▶ 5.2.3 極胞（polar cell）

緯度60-90°帶的環流胞稱為極胞，極胞的尺度較小，但它卻是個直接環流，緯度60°較暖空氣上升，而緯度90°的冷空氣下沉。地面風向大致是東北風，因此被稱為極地東風帶（polar easterlies）。

必須強調的是，上述的三環流胞結構只是一個理想化的平均大氣環流，實際情況千差萬別，例如，由於海陸分布而引發的**季風**（monsoon）現象就沒有包括在上述的模式內，而季風在中尺度範圍內卻是影響風速風向非常大的。當尺度更小的時候，局部的地形、地貌、都市建築等更是對風向風速有重大影響的因素。

5.3 噴流（Jet Stream）

在對流層的高層存在兩股高速風管，被稱為噴流。其中一股位於大約緯度60°的上空靠近對流層頂處，稱為**極鋒噴流**（polar front jet stream, polar jet），另

48　費羅爾（William Ferrel, 1817-1891），美國氣象學家。

一股位於緯度約30°的上空近對流層頂處，稱之為**副熱帶噴流**（subtropical jet），其中風速較強的是極鋒噴流。這兩股噴流都是因為溫度梯度造成的，這種因溫度梯度造成的風，稱之為「**熱力風**」（thermal wind），它可以疊加到原有的風速上使得風速增強，也能改變風向。例如，我們前此在討論地轉風時，只有考慮到氣壓梯度和科氏力兩個因素的平衡，如果在加上考慮溫度梯度的因素，則可以在地轉風上加上熱力風，風速會更為增強。

　　因為溫度不同（所以有溫度梯度）就會造成風，乍聽之下似乎難以理解，其實不難知曉。我們前面說過，風之初起，就是由於一個地區的氣壓不均勻，於是有了氣壓梯度，而氣壓梯度就會造成風。現在假設一個地方原來氣壓、溫度都是均勻的，所以沒有風；若在某個時間點，這地區的右半部溫度升高，這升高的溫度就會導致氣壓的改變。如何改變法？圖5.12顯示一個大致的情況，這裡我們用等壓座標的觀念來看。

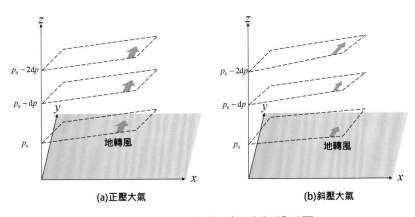

圖5.12　正壓大氣與斜壓大氣說明圖

　　圖5.12(a)代表所謂的正壓大氣（Barotropic atmosphere），圖中每個等壓面（虛線平行四邊形）都彼此平行，也就是說，兩個等壓面之間的厚度都是相同的，所以這兩個等壓面之間並沒有「高度梯度」（等同於傳統座標的氣壓梯度），在每個等壓面上都可以有地轉平衡，所以每個等壓面上都吹著同樣大小的地轉風，每一層的地轉風風速風向都一樣。

　　圖5.12(b)則代表右半邊的溫度較高而左半邊溫度較低的情況——這種因溫度不同而產生等壓面不平行的大氣成為斜壓大氣（Baroclinic atmosphere），兩個

等壓面不再平行，於是兩個等壓面的厚度也就不同了，而是右邊的厚度會比較厚，如此一來，氣壓梯度也會不同，於是乎，一項產生新的風的機制就生成了，這個風就是熱力風。把熱力風的向量和地轉風的向量疊加在一起就成了真正的風。

以下我們可以簡單地導一下熱力風的公式。流體靜力方程為

$$dp=-\rho g dz \tag{5.4}$$

此式可由微分（2.8）式得到。然而，氣壓同時也滿足理想氣體方程式：

$$p=\rho RT \tag{5.5}$$

其中 R 是空氣的氣體常數。把（5.4）式除以（5.5）式，我們得到

$$\frac{dp}{p}=-\frac{g}{RT}dz \tag{5.6}$$

我們定義一個新物理量，叫做重力位（geopotential）：

$$\Phi(\text{h})=\int_0^h g dz \tag{5.7}$$

我們把（5.6）式積分：

$$\int_{p_0}^{p_1}\frac{dp}{p}=\ln\left(\frac{p_1}{p_0}\right)=-\int_{z_0}^{z}\frac{g}{RT}dz=-\frac{1}{R\bar{T}}\int_{z_0}^{z}g dz=\frac{1}{R\bar{T}}[\Phi(z_0)-\Phi(z)] \tag{5.8}$$

上式中我們用兩層等壓面之間的平均溫度 $\bar{T}$ 來代表各層的溫度，等同是一個常數，所以能夠把他提到積分符號之外來。所以重整之後，我們得到

$$[\Phi(z)-\Phi(z_0)]=\Phi_1-\Phi_0=RT\ \ln\left(\frac{p_0}{p_1}\right) \tag{5.9}$$

（5.9）式是說，兩層等壓面之間的重力位差（其實就是兩層之間的厚度）和他們之間的平均溫度成正比，平均溫度越高，厚度越大，那就是圖5.12(b)所示的情況。上面提到的地轉風 $\vec{V}_g$ 在等壓座標上的公式是

$$\overset{r}{V_g} = \frac{1}{f}\hat{k} \times \nabla_p \Phi \tag{5.10}$$

其中$\hat{k}$是垂直方向的單位向量。而兩層等壓面之間因為溫度梯度的關係而產生的熱力風就是這兩個面上的地轉風的向量差:

$$\vec{V}_T = \vec{V}_{g,1} - \vec{V}_{g,0} = \frac{1}{f}\hat{k} \times \nabla_p (\Phi_1 - \Phi_0) \tag{5.11}$$

把(5.9)式代入(5.11)式,我們看到

$$\vec{V}_T = \frac{1}{f}\hat{k} \times \nabla_p \left[R\bar{T} \ln\left(\frac{p_0}{p_1}\right) \right] = \frac{R}{f} \ln\left(\frac{p_0}{p_1}\right) \hat{k} \times \nabla_p \bar{T} \tag{5.12}$$

上式中∇_p是在等壓面上執行計算的,所以$\ln\left(\dfrac{p_0}{p_1}\right)$項只是個常數。(5.12)式指出,熱力風的大小和平均溫度梯度成正比,而方向則是和溫度梯度垂直。而只要溫度梯度存在,熱力風就存在。因此由底層開始的地轉風可以往上一直加上熱力風,結果是風速往往越高越大,到了緯度30°和60°的對流層頂附近,溫度梯度很大,風速也達到成了噴流。最大風速可超過239 kt(442 km/h)。

上面的熱力風討論雖然有說,風速在有深層溫度梯度的地方會隨著高度而增強,卻沒有指出,噴流會形成像管狀一般的結構,實際上噴流只存在於兩個狹窄的高空管帶狀區域。圖5.13是個大氣層南北截面圖(左側是極區,右側是熱帶/赤道區),可以看到極鋒噴流及副熱帶噴流的大致位置。圖5.14則顯示,這兩個噴流略呈管帶狀蜿蜒於地球上空,他們的位置會隨著實際的天氣系統改變而改變。這些噴流帶也不是一定連綿不斷的,有時也會中斷。圖5.15則顯示,在管帶中央風速最高,周邊則風速較低。

圖5.13　三胞環流與兩個高空噴流區的南北截面圖

資料來源：據FAA原圖重繪。

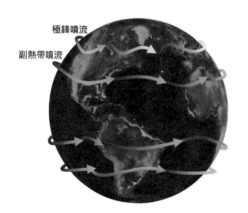

圖5.14　高空噴流

資料來源：據FAA原圖重繪。

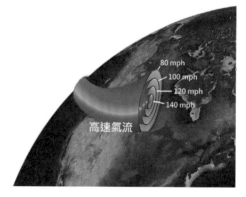

圖5.15　高空噴流內部結構

資料來源：根據FAA原圖重繪。

5.4　局地風（Local Winds）

　　上面提到的全球風系以及噴流都是大尺度的風場，科氏力的作用都很重要；但是小尺度的風場，科氏力就沒那麼重要，甚至完全可以不用考慮。這一類的風

場，其尺度大約一百多公里左右（一般不超過200公里），其持續時間至多幾個小時（遠少於12小時），因此這一節我們要討論小尺度的局地風場，我們完全不用考慮科氏力就可了解。這些局地風場通常是受到因日夜變化而產生的加熱場的改變——這當然導致了氣壓梯度的變化，因而就導致了風的產生。在冷暖不均而相鄰的表面上，冷的表面，導致其上方的空氣溫度較冷，結果密度變大而下沉——下沉氣流區在地面產生高壓；反之，較暖的表面上方的空氣以較暖而上升，此區的地面產生低壓，最終是在這一片表面的上空產生了一個局部環流系統，也就催生了局地風場（圖5.16）。

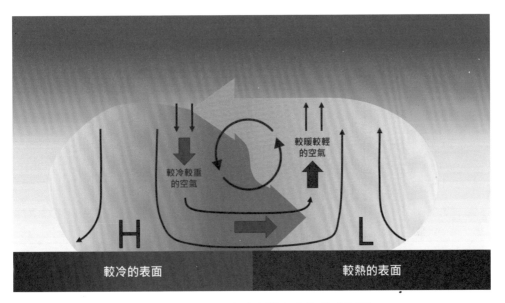

圖5.16　地表的冷暖改變會產生局地風場

資料來源：據FAA原圖重繪。

　　局地風場在大尺度天氣系統（例如冷鋒、暖鋒等）作用薄弱時會比較容易被觀察出來。但若有明顯大尺度天氣系統籠罩時，這些局地風場就不容易被鑑別出來了。

　　雖然局地風場是小規模的空氣活動，那並不代表它們就沒有什麼破壞性，在某些狀況下，他們還是可能產生不小的航空災害。

▶ 5.4.1 海風（sea breeze）

　　曾經在夏天到海邊遊玩的人們可能會有這樣的經驗：炎炎夏日，太陽無情地烘烤一無遮蔽的海灘，連稍遠離海灘的矮灌木叢也冒著濃濃的暑氣。突然，一陣清涼的海風從海面掠過來，讓人精神一振。而有些時候，海風還真的不小，習習海風，不斷地一波一波從海面吹向岸邊，不但激起壯觀的浪花，更把岸邊小樹林吹向一邊傾斜，這海風就是一種典型的局地風（圖5.17）。

空氣在地表被加熱並上升

被加熱的空氣冷卻後下降

冷空氣攜帶水份到陸地

圖5.17　海風的形成

資料來源：據FAA原圖重繪。

　　海風的成因很容易理解，晴朗的白天，太陽輻射猛烈照射地表，但是水的比熱比陸地要大得多，因此岸邊陸地上很快就變熱，然而海面仍然是涼涼的，溫度比陸地低了很多。陸地上的空氣變暖而上升，因此陸地上氣壓較低；反之，海面上的空氣因較冷而下沉，相對於陸地而言是個高氣壓，於是在地表的氣壓梯度力是有海面指向陸地，因而風也就有海面吹向陸地而形成海風的現象。

　　我們可以看到在圖5.17中，高層的風向與地面正好相反，是由陸地吹向海面的。如此形成一個完整的海風環流系統。不過這環流系統厚度並不深，一般只有1-1.5 km的高度而已。

5.4.2 海風鋒面（sea breeze front）

在海風發生時，有海面吹來的風溫度比陸地上的空氣要冷，水氣含量也比較大。當這團較冷較濕的空氣被吹進岸邊時，溫度及濕度的反差往往使得近岸地區產生一個海風鋒面，分隔濕冷與乾熱兩邊空氣。海風鋒面的突進往往造成較暖一邊的空氣被迫上升，而上升運動就有可能造成一些雲，但這種上升運動通常不很強，多半只形成淺對流雲，如晴天積雲之類（圖5.18）。

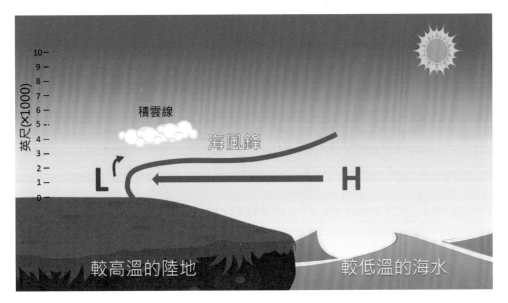

圖5.18　海風鋒面

資料來源：據FAA原圖重繪。

5.4.3 海風雷暴（sea breeze thunderstorms）

上節說的海風鋒面造成的上升運動一般不很強，所以通常只形成一些淺對流雲，但這只是指一般沒有大尺度天氣系統活躍的情況，如果大尺度的天氣狀況本來就不穩定，如同我們會在後面討論的雷暴，情況就有大有不同。在那種極不穩定的天氣狀況時，低層往往有個小逆溫層，暫時蓋住整個不穩定度，使得雷暴發作不起來。但是如果此時海風大作，那這個「不很強」的上升運動往往是衝破逆溫層的「臨門一腳」，揭開不穩定度的蓋子，整個雷暴系統便發作了，便形成海

風雷暴的天氣狀況（圖5.19）。如前所說，海風雷暴由海風鋒面挺進陸地之後引發的上升運動而釋放出的不穩定度造成的，所以他們的發生點往往離開海岸有一段距離，而圖5.19的雷暴雲團幾乎都有這個特徵。

圖5.19　2016年7月29日在中國東南沿海發生的海風雷暴系統

資料來源：日本Himawari 8氣象衛星，Daniel Lindsey博士提供。

▶ 5.4.4　陸風（land breeze）

陸風，正好是與海風相反的局地風，而且是與海風發生在同一個地方的，通常發生於夜間或大清早（圖5.20）。

空氣冷卻並下降

較溫暖的空氣自水面上升

較冷的空氣經過陸地前往水處

圖5.20　陸風的形成

資料來源：據FAA原圖重繪。

其道理很簡單：在晴朗的夜晚，陸地迅速變冷，而海面則因海水巨大的貯熱能力而保持大部分熱量，因而海面比陸地暖。於是乎，陸地上的空氣變冷而下沉，形成高壓；海面上的空氣較暖，因而上升，形成低壓，由此，氣壓梯度力以及風向就是由陸地吹向海面了。上升氣流區是在海面，因此如果與雲形成，也會是分布於海面上。

▶ 5.4.5 湖風（lake breeze）

一般的湖泊面積比海面小得多，所以通常比較沒有系統性的局地風。但是如果湖面夠大，則也可能產生類似海風那樣的系統性局地風，而且也和海風一樣容易出現於春夏兩季。例如，美國與加拿大交界處的五大湖便具有這樣的條件。最小的安大略湖也有19000平方公里，大約台灣的一半面積；最大的蘇必略湖則有82000平方公里，超過台灣面積兩倍。這樣廣闊的水面，基本上類似個小海；像密西根湖（58000平方公里），從湖的一個岸以人眼是看不到另一個岸的（圖5.21），像這種規模的湖，就可能產生類似海風那樣的湖風系統，其道理也是相似的。

圖5.21　美國威斯康辛州的密西根湖湖畔

資料來源：王寶貫拍攝。

　　湖風和海風比較不同是，湖是處於陸地內，所以不像海只有一邊是陸地（另外一邊的陸地非常遙遠，已非海風尺度所及了），而是周邊都是陸地，那時候的湖風方向應該是由湖區向陸地吹（圖5.22）。

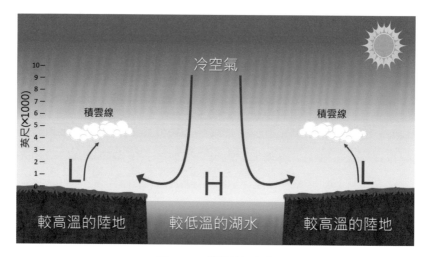

圖5.22　湖風的形成

資料來源：據FAA原圖重繪。

▶ 5.4.6　谷風（valley breeze）

　　地形也能造成局部的風場，因為地形的不平坦也會使得太陽輻射加熱及地面輻射冷卻變得不均勻，結果就造成了局地風場。

　　谷風是一種在白天裡從山谷中沿著山坡上升的風場。晴朗的白天，山坡受太陽輻射加熱比山谷快，結果是山坡上的空氣變暖，因而較輕而上升；反之，山谷溫度上升較慢，因此其上的空氣較冷較重，因而造成那裡空氣是沉降運動。氣壓梯度力沿著山坡往上推去，這樣就形成了谷風環流。谷風較強時，可形成雲及降雨（圖5.23）。

圖5.23　谷風的形成

資料來源：據FAA原圖重繪。

▶ 5.4.7　山地—平原風系（mountain-plains wind system）

　　假如山地的一邊是一片平原，那麼在白天，山坡上同樣因加熱較快而迅速變暖，促使暖空氣上升（甚至造成一些積雲）。這引發了如圖5.24所顯示的環流：在低層，風從平原吹向山坡，在山坡上升，到了高層，風向反過來，從山地往平原方向吹，不過這高層的風通常較微弱。

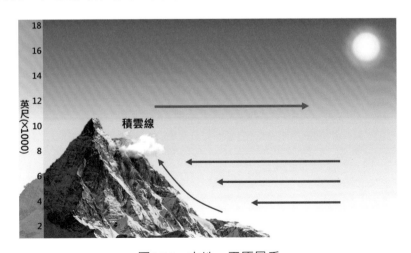

圖5.24　山地—平原風系

資料來源：據FAA原圖重繪。

▶ 5.4.8　山風（mountain breeze）

　　山風可以說是谷風的相反現象，谷風發生在白天，而山風則發生在夜晚。晴朗的夜晚山坡輻射冷卻的速度比山谷要快，導致山坡上的空氣比山谷中的要冷，因此密度與氣壓都較大，風沿著山坡往山谷方向吹去，而山谷中的空氣則為上升氣流。

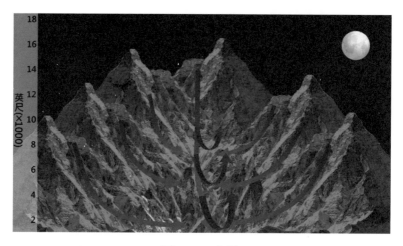

圖5.25　山風

資料來源：據FAA原圖重繪。

第 6 章
氣團、鋒面與波氣旋

　　本章要討論的是大尺度的天氣系統，這些天氣現象和名詞是我們在電視的氣象預報節目裡常常會接觸的，諸如：極地冷氣團、冷鋒、暖鋒、高壓、低壓等等。這些天氣現象一般在中緯度地區活動，**所以也常被稱為中緯度天氣系統**，然而它們也可能出現在鄰近中緯度地區，例如位於亞熱帶的台灣，所以台灣也會遭受所謂冷鋒、暖鋒等天氣系統的侵襲。

6.1　氣團（Air Mass）

　　中緯度的天氣系統最主要的發生機制是氣團之間的互動過程，氣團的概念是一團尺度非常大且溫度與濕度大致均勻的空氣體，其尺度可超過幾千公里。醞釀氣團產生的地區稱為發源區（source region），氣團的發源地涵蓋甚廣，從白雪皚皚的極地、極端乾燥的沙漠到溫暖蒸騰的熱帶海洋面都可能是氣團的發源區。氣團的孕育需要空氣之下有一個很大面積的均勻地表（如大沙漠、大洋或大片雪原），而且氣候穩定不常變動，能夠使得其上的空氣醞釀出與下地表面同樣的特質。例如寬廣的熱帶太平洋面就是一個良好的氣團發源區，海面會孕育出一大團溫暖潮濕的氣團，俄國的西伯利亞大平原也是這樣的地區。而美國就不是一個良好的氣團發源地，因為這裡經常有不穩定的天氣發生，很難孕育出一團性質均勻的氣團。

▶ 6.1.1　氣團的分類

　　氣團是根據他們的溫度及濕度屬性來分類的，全球氣團發源地見圖6.1。

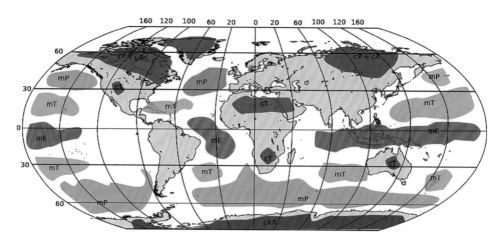

圖6.1　全球氣團源地圖

說明：符號意義詳見本文。

資料來源：維基百科，條目：氣團。

6.1.1.1　溫度屬性分類

- 北極（Arctic, A）：北極地區冬季的冰雪地面所孕育出來的深厚的嚴寒冷氣團。
- 極地（Polar, P）：在高緯度地區孕育出來的較淺的涼到冷的氣團。
- 熱帶（Tropical, T）：低緯度地區孕育出來的暖或熱氣團。
- 赤道（Equatorial, E）：赤道附近所孕育出來的熱而潮濕的氣團。

6.1.1.2　水分屬性分類

- 大陸（Continental, c）：大陸地區所孕育出來的乾燥氣團。
- 海洋（Maritime, m）：海洋面上孕育出來的潮濕氣團。

6.1.1.3　五種常見氣團

　　用以上的溫度及水分屬性來組合，我們得到下列常見的幾種氣團：

- 北極大陸氣團（Continental arctic air mass, cA）：乾而冷的氣團。
- 極地大陸氣團（Continental polar air mass, cP）：乾而冷的氣團。例如冬季偶爾會侵襲台灣造成「寒潮爆發」（cold outbreak）的西伯利亞高壓（也稱蒙古高壓），基本上就是由蒙古與西伯利亞冬季的寒冷地面所孕育出來的極地冷氣

團所形成的「冷高壓」系統。

- 熱帶大陸氣團（Continental tropical air mass, cT）：乾而熱的氣團，最典型的就是盤踞北非沙哈拉沙漠上空的氣團，極端乾燥而且炎熱。當這團氣團籠罩歐洲的時候，歐洲大陸顯現出炎熱晴朗的天氣，還時常引起火災。
- 極地海洋氣團（Maritime polar air mass, mP）：冷而濕的氣團。
- 熱帶海洋氣團（Maritime tropical air mass, mT）：暖而濕的氣團，例如強烈影響台灣夏季天氣的太平洋高壓，其主要組成氣團即為mT，帶來悶熱的天氣。
- 赤道海洋氣團（Maritime equatorial air mass）：熱而潮濕的氣團。

　　照道理，應該還有一種北極海洋氣團（Maritime arctic air mass, mA），不過這型似乎是從來沒有形成過。

6.1.1.4　氣團的變性（Air mass modification）

　　雖然我們上面說，氣團的醞釀是需要一大團空氣長久停留在一個大致均勻的下墊面上，但要空氣團永久不動是不可能的。當一個氣團離開它的發源地而經過其他性質的地表時，氣團的屬性就可能產生變化，這就是氣團的變性。一個原來酷寒乾燥的極地大陸氣團如果移動經過一片較暖的海洋時，它可能會變為一團仍然頗冷但水分含量卻增加的氣團——極地海洋氣團（mP）。例如，冬季影響東亞天氣巨大的西伯利亞氣團原來是個極地大陸氣團（cP），當它前進到日本海的水面時，就可能增加水氣而變性成為mP。

　　一團溫暖潮濕的海洋氣團如果前進到一個冷的地表，由於溫度的降低，會使得相對濕度增大，就可能在那裡產生層雲、小雨或霧。

　　一團寒冷乾燥的氣團，如果移經稍暖的大湖面（例如美國北方的五大湖），會增大水氣含量，而且不穩定也增大。在剛抵達湖邊時，可能只是增加一些淺對流雲；當氣團到達湖的另一邊時，不穩定性往往增大不少，對流雲也增厚，產生所謂的湖泊效應性降雪（Lake effect snow）（圖6.2）。圖6.3的衛星圖中以密西根湖為例，我們可看出當冷氣團自西北向東南推進時，湖的西側是一片深色，代表無雲，但隨著冷氣團越過湖面，吸收更多水氣，雲也開始變大變厚，追中在湖的東側下了大雪。

圖6.2   湖泊效應性降雪的成因

資料來源：據FAA原圖重繪。

圖6.3   在美國中西部密西根湖產生的湖泊效應性降雪

資料來源：NOAA.

6.2   鋒面（Fronts）

　　鋒面是中緯度天氣系統最典型的特徵，在熱帶低緯度地區鋒面特徵幾乎是不存在的。中緯度就是冷氣團和暖氣團相遇的地方，而這冷暖氣團的交界處就是鋒面。在鋒面的兩側，不但溫度有頗大的變化，風向也有很大變化。

　　圖6.4是鋒面的符號，通常冷鋒（cold front）用藍色代表（因為藍色是冷色），前端有三角狀的牙齒形，象徵冷鋒有比較急劇尖銳的天氣形勢。所謂冷

鋒，指的是冷氣團推進而使得暖氣團退卻發生處的前鋒。暖鋒（warm front）用紅色（紅色是暖色），前端為半圓形，代表推進節奏較為緩慢的天氣形勢（但不見得是比較好的天氣）。顧名思義，暖鋒就是暖氣團推進而冷氣團退卻發生處的前鋒。滯留鋒（stationary front），則是代表冷鋒與暖鋒僵持不下的形勢，注意冷段與暖段的方向相反。最後一種叫囚錮鋒（occluded front），則是代表冷鋒與暖鋒重疊在一起，圖中可見冷段與暖段是同一個方向，囚錮鋒的出現往往代表一個鋒面週期的結束。

鋒面	圖示	定義
冷鋒		以冷空氣取代暖空氣的方式移動的鋒面。
暖鋒		以暖空氣取代冷空氣的方式移動的鋒面。
滯留鋒		一個靜止或幾乎靜止的鋒面。
囚錮鋒		冷鋒追上暖鋒或是兩個鋒面相疊一起。
注意：正向符號代表鋒面運動方向		

圖6.4　各種鋒面的符號與意義

資料來源：據FAA原圖重繪。

　　鋒面雖然絕大多數時候都是出現在地面天氣圖上，但並不是說鋒面現象僅發生於地面上。鋒面系統是有一定厚度的，它們的垂直傾斜度也是有的緩和有的陡峭，各有特性，我們下面會提到這一點。

6.3　極鋒學說

　　上面這一套鋒面系統理論，為近代氣象學的發軔學說，是由挪威卑爾根學派（Bergen School）的氣象學家們所發展出來的。當初這些學者都在卑爾根大學從事學術研究，其中心人物是畢耶克尼士父子（Vilhelm Bjerknes[49] 及Jacob

---

49 威廉・畢耶克尼士（Vilhelm Friman Koren Bjerknes, 1862-1951），挪威物理及氣象學家，現代氣象學的主要奠基人。

Bjerknes[50]）、索爾伯格[51]（Halvor Solberg）、白吉龍[52]（Tor Bergeron）等人。他們所開創的學說稱之為**極鋒學說**（polar front theory）或是**溫帶氣旋學說**（extratropical cyclone theory），這是因為他們的學說本來是應用於大約在緯度60°附近發生的天氣系統（這裡說的天氣系統，指的就是從大晴天大風平浪靜到開始刮風下雨的過程），不過後來發現這學說大致可用在所有中高緯度的大尺度天氣現象，所以叫做「熱帶外-extratropical」，因為熱帶的天氣系統又是另外一個故事，這理論就不太適用了。

這個學說認為，天氣主要發生於冷暖氣團的交界處，而天氣之開端就是這個交界處起了波動，稱之為**波氣旋**（wave cyclone，也有人稱為**氣旋波**）。一個波氣旋的生命週期可以分為以下幾個階段。

▶ 6.3.1　初始期

圖6.5顯示一團位於北方的冷氣團與一團位於南方的暖氣團處於初始的平衡狀態，兩個氣團交接處便是鋒面，圖中顯示的鋒面是滯留鋒，其方向是冷氣團欲向南推進，而暖氣團則往北推進，兩軍甫交接，尚未開戰，此時天氣尚未發生，尚處於「風雨前的寧靜」狀態。需要提出的是，這裡的滯留鋒只是為了方便標記初始狀態的「初始鋒面」，不是一般天氣圖上會標識出來的真正滯留鋒。初始鋒面沒有天氣，但是真正的滯留鋒是可能產生很糟糕的天氣的。

其次，我們來關注一下風向。由於氣團的大部分是與高壓重合，而我們在第5章就說過，在北半球高壓系統的風向是順時鐘旋轉的，所以我們可以想像，位於北方的冷氣團其高壓中心是位於鋒面的北方，所以其南方的風向就如圖中所繪，是由東往西吹的東風。反之，位於南方的暖氣團，也是個高壓，其中心位於鋒面的南面，所以它在靠近鋒面的風向（同樣是順時鐘），就應該是西風。這也

50　雅可布・畢耶克尼士（Jacob Aall Bonnevie Bjerknes, 1897-1975），挪威氣象學家，現代氣象學的奠基人之一，威廉・畢耶克尼士之子。

51　索爾伯格（Halvor Solberg, 1895-1974），挪威氣象學家，現代氣象學奠基人之一。

52　白吉龍（Tor Harold Percival Bergeron, 1891-1977），瑞典氣象學家，現代氣象奠基人之一，白吉龍降雨理論之創始人。

就是說，在鋒面帶上有很強的風切，因為風向徹底相反。流體力學告訴我們，有風切就會有渦度（vorticity）；也就是說會產生漩渦，所以那種平直的風切是不可能持久的。而且，鋒面的兩邊都是高壓，所以鋒面帶一定是個低壓帶，而正是這個低壓帶的演化產生了種種刮風下雨的天氣現象。

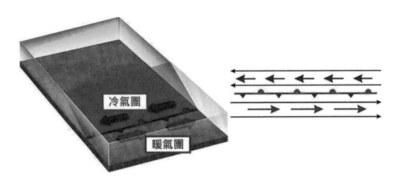

圖6.5　波氣旋的初始期

資料來源：據FAA/NOAA原圖重繪。

▶ 6.3.2 形成期

　　第二個階段是波氣旋的形成期（圖6.6），在這個階段，整個系統開始有旋轉的趨勢。冷氣團在西邊向南推進，其前端形成冷鋒；而暖氣團則在東側向北推進，其前端形成暖鋒，原來平直的鋒面開始出現波動，冷鋒及暖鋒相接的地方是氣壓最低的低壓中心（L字）。低壓中心附近，氣流往中心匯聚，促使那裡氣流普遍上升，而上升的氣流容易造成雲及降雨（深色代表較強的降雨及較深的雲，而淺色代表較淺及較弱的降雨。圖6.6中可見，最強降雨位於冷鋒的後方及暖鋒的前方，而暖鋒前方的雲及降雨區稍寬於冷鋒後的降雨區。不過這只是一般的情況，不見得每次鋒面系統的降雨都是如此。

　　圖6.6的右圖的線段代表等壓線，而箭頭方向則代表風向。與高氣壓系統相反，在北半球低壓中心的風向是反時鐘方向旋轉的。

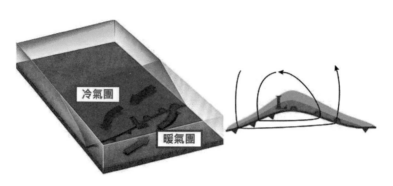

圖6.6　波氣旋的形成期

資料來源：據FAA/NOAA原圖重繪。

▶ 6.3.3　成熟期

　　這個階段波氣旋達到典型的強度（圖6.7），低氣壓中心的氣壓值降至比形成期要低（也叫「加深」），在鋒面附近有廣泛的雲雨區；冷鋒區的降水可能有強雷雨，風速強勁，而暖鋒前面則發生更為廣泛的降水範圍，但低壓中心更可能形成更為廣泛的降水區。冷鋒、暖鋒形成一個很典型的波形，像是希臘字母的「λ」形，也像漢字的「入」字。

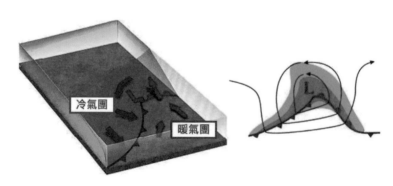

圖6.7　波氣旋的成熟期

資料來源：據FAA原圖重繪。

　　前面說過，鋒面系統有一定厚度，並不只是貼在地面上的一個形式。圖6.8是冷鋒區的一個垂直剖面，冷氣團從西邊往東邊推進，冷鋒從地面以頗為陡峭的坡度往高空發展，把冷空氣包住有如舌狀前鋒。冷氣團裡的冷空氣密度較大，通

常行進速度較快。這種快速的行動往往迫使它前方的暖空氣也快速向上抬升，而快速抬升的暖濕空氣可以造成深對流雲（見下一章關於雲的討論），形成強烈雷暴，所以在冷鋒區較常會遇到強降雨，甚至降雹，風速、紊流都可能很強烈。但是冷鋒區一般範圍比較狹窄，劇烈天氣通過也會比較快些。

圖6.8　冷鋒區的垂直剖面圖

資料來源：據FAA原圖重繪。

　　圖6.9是暖鋒區的垂直剖面圖，暖氣團從西邊推進，它的前面是冷氣團，不過冷氣團裡最冷的空氣通常是在冷鋒後面的那一帶；在暖鋒前面的空氣往往不是最冷的，所以這裡標示著「涼」空氣。暖氣團因為空氣較暖，一般密度也比較小，但只要有足夠動能，它們照樣可以推動「涼空氣」，但是力道不會像冷空氣推動暖空氣（如圖6.8）那麼強，所以推進速度一般也較慢。因為密度較小，推動時暖空氣自己會順著暖鋒面上滑，這種上滑的運動當然也會造成雲雨；而且鋒面是隨著高度向冷氣團方向傾斜的，上滑的範圍往往比冷鋒區更為廣泛，因此會造成大片的雲及降水區。由於天氣範圍較大，移動速度也較慢，所以惡劣天氣可能比冷鋒區要持久些。

圖6.9　暖鋒區的垂直剖面圖

説明：KOKC或OKC指的是美國奧克拉荷馬市，是美國龍捲風頻繁發生地質一，常被拿來做
　　　劇烈天氣的地標。

資料來源：據FAA原圖重繪。

▶ 6.3.4　囚錮期

　　上一小節的敘述指出，由於冷氣團推進速度較快，因此冷鋒的前進一般比暖鋒要快些。這些鋒面的推進並不是單一的直線方向，而是帶著反時鐘旋轉的渦度的。可以想像，不久之後，冷鋒會趕上暖鋒，結果是本來緩緩推進的暖鋒被冷鋒從後面追上，更因為暖鋒所涵蓋的是較輕的暖空氣，被冷鋒面下的冷空氣抬了起來，使得暖鋒及暖空氣升到高空，導致地面上已沒有暖鋒，而冷氣團和「涼氣團」直接接觸，這個形勢叫做囚錮鋒（圖6.10）。

圖6.10　波氣旋的囚錮期

資料來源：據FAA原圖重繪。

當冷氣團追上涼氣團的案例就稱為冷鋒囚錮（cold front occlusion）（圖6.11）。

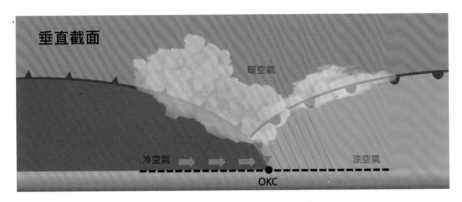

圖6.11　冷鋒囚錮鋒面的垂直截面結構

資料來源：據FAA原圖重繪。

如果原來在冷鋒後面的冷氣團其溫度還不如在暖鋒前面的冷氣團之冷，那麼就是涼空氣追上了冷空氣，這時候的囚錮鋒就稱之為暖鋒囚錮（warm front occlusion）（6.12）。

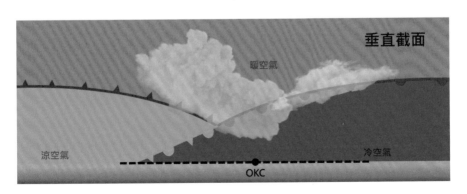

圖6.12　暖鋒囚錮鋒面的垂直截面結構

資料來源：據FAA原圖重繪。

囚錮鋒區由於是冷鋒與暖鋒重疊區，使得該區兼具暖鋒及冷鋒天氣的特徵，極可能有雷暴，也可能有大範圍的降水區。由於暖氣團被抬升之高空，在地面已無暖鋒的存在，而是冷氣團和涼氣團互相接觸，而這兩者溫度差別並不大，這就意味著，原來造成鋒面的冷暖氣團其實已經基本消失，地面上已變成一團經混合過的氣團，沒有明顯的氣團差異，波氣旋的生命已漸近尾聲。

▶ 6.3.5 消散期

圖6.13顯示的是消散期的波氣旋形勢，在這個階段，囚錮鋒更為加深，地面上冷鋒已與暖鋒重合，沒有暖濕的不穩定空氣來繼續供應波動的發展，不久之後，地面氣團會混合在一起，沒有明顯的氣團疆界，也就沒有所謂的鋒面。也許某些區域還有些降水，但會逐漸變為零星現象，最後完全消失，天空復歸風和日麗，宣告波氣旋週期結束。

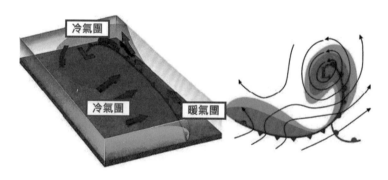

圖6.13　波氣旋的消散期

資料來源：據FAA原圖重繪。

上述的波氣旋週期大致為5-9天，每個地點的週期當然可能不一樣，不過在中緯度地區這個週期就差不多等於一個星期，結果有時會導致一個頗有機會發生的現象：如果一個地方在週末發生了惡劣天氣，那下個週末天氣也不好的機率也相當高，對辛苦工作了一週，在週末想出去輕鬆一下的人們是個令人心煩意亂的消息。[53]

---

53 更有用此現象製造出來的笑話：下雨就是因為有週末而造成的；這就如同說，火車之所以能開動就是因為有火車時刻表的緣故。

　　上面我們用了很多「可能」作為形容詞，這是指出，影響天氣系統的因子很多，往往在表面上看起來幾乎一樣的初期天氣形勢，後來的發展卻會很不一樣，就很可能是有些我們當初看不見或沒考慮到的一些因子產生的後果，所以天氣預報是機率性的。以上只能說是典型的冷暖鋒天氣形勢，但卻不能保證非典型的狀況不會出現。只不過，現在預報模式越來越進步，電腦科技也越來越發達，考慮的因子可以比以前多得多，時空解析度也越來越精細，可以想見，未來的天氣預報誤判的機率會減少。

▶ 6.3.6　滯留鋒

　　我們上面在波氣旋的第一個階段用滯留鋒符號來代表，只是為了解說方便而設定的。然而在實際天氣形勢中，的確會有滯留鋒的個案發生，而且機率也不小（圖6.14）。

圖6.14　滯留鋒的垂直截面圖

資料來源：據FAA原圖重繪。

　　圖6.14顯示，冷氣團沒有強力推進，暖氣團也偶爾增強，結果兩個氣團的邊界就停留在同一個地點附近頗長的一段時間。要特別指出之處的是，鋒面沒有動並不代表那裡沒有風，風還是照樣吹，暖空氣也照樣可以上升造成雲雨。在東亞初夏季節發生的特殊現象「梅雨」所關聯的梅雨鋒，就常常滯留同一地區好幾天，天天下雨，累積驚人雨量而氾濫成災（圖6.15）。

圖6.15　2020年7月7日2320UTC在東亞地區滯留的梅雨鋒

說明：台灣位於中央偏下位置，此梅雨鋒造成中國長江流域的洪水。

資料來源：日本Himawari 8同步氣象衛星、美國RAMMB/NOAA。

第 7 章
垂直運動與穩定度

　　我們在上一章討論鋒面天氣，提到當空氣往上升時就有興雲致雨的可能，在這一章我們就來討論這個機制。

7.1　　空氣垂直上升的後果

　　空氣垂直上升和水平移動有何不同？最主要的不同，在於氣壓環境的改變。第2章說明過，大氣層絕大多數時候都是出於流體靜力平衡狀態下，在此情況下，一個氣塊水平移動時，它的氣壓環境變化度很小，典型的氣壓改變率是10 hPa/1000 km = 1 hPa/100 km（Holton and Hakim, 2016: 25），亦動移動了100公里才變1個百帕而已！如果是垂直上升呢？我們知道氣壓隨著高度做指數式遞減，所以並非直線式，以最低層來做例子。海平面標準氣壓是1013.25 hPa，而在1公里高空則已降為900 hPa，上升1公里就降了100 hPa左右，**這個變化率是水平的一萬倍**，可見氣塊只要稍微垂直上升就會有很大的改變。

　　為了了解空氣上升的後果，下面用簡單的式子來推導一下。假設一個乾氣塊（裡面可以有水氣，但是未飽和）的總能量是Q，而它因為上升運動而改變的總能量就是dQ。我們怎樣來量測這個dQ？因為空氣非常近似一個理想氣體，以熱力學角度來說，只要去測量它的三個熱力變量——氣壓p、體積V、溫度T——之中的兩個就可以了（因為另一個可以用理想氣體定律求出）。在此我們選定V和T作為變數，於是我們得到下式：

$$dQ = C_v dT + p dV \qquad (7.1)$$

這個式子的意思是說，當氣塊上升時，它的總能量改變可以用測量它的溫度和體積的改變來決定，而該變量dQ就是溫度改變量dT乘上C_v（C_v為空氣的定容熱容量，heat capacity at constant volume），再加上氣塊的體積改變量dV乘上氣壓p。前面和溫度有關的項是內能改變項（internal energy change），而後面和體積有

關的項叫做氣壓功（pressure work）。

為了簡化起見，我們假定這個氣塊上升時，不會和它周遭的空氣交換熱量，這個假定當然是個近似，可讓推導公式簡單多了。[54] 這種不交換熱量的熱力過程叫做「絕熱過程」（adiabatic process），而我們正在考慮的氣塊就是以絕熱方式往上升。既然沒有交換能量，那麼氣塊的總能量Q就應該保持不變，也就是$dQ=0$，所以（7.1）式變成

$$0=C_v dT+pdV \tag{7.2}$$

僅僅從（7.2）式我們就可以得出一些重要結論。首先，右邊兩項的總和為0，那麼這兩項只能有兩種可能的情況：（1）兩者都是0；（2）一個正值，另一個是負值。（1）的情況可以應用在氣塊沒有動的情況下，不過那沒有什麼重要意義。當氣塊上升時，（2）的情況才是真實的。當氣塊還沒上升時，它內部的氣壓和外面是相等（平衡）的，但是當氣塊上升時，它周遭的氣壓減小了，它的體積就必須膨脹[55]，以便氣壓可以保持和外面平衡。所以（7.2）式中的$dV>0$，因而$pdV>0$，因為p也是正值。如此一來，我們就必然得到$C_v dT<0 \Rightarrow dT<0$的結論，因為$C_v$也是正值。這就是說，氣塊會變冷。簡單概括來說，就是：**在絕熱過程的假設下，一個乾氣塊上升後會膨脹，而這膨脹必定伴隨著氣塊的冷卻。**

這是一個重要的結論，因為如果氣塊只是水平移動1公里的話，我們是不會得出這個結論的，因為水平1公里的範圍內氣壓幾乎是沒有什麼變動的[56]，就是有也大都是隨機的。但是只要往上走，那就必然是氣壓降低，這就是「系統性」

---

54 若不做這個簡化假設，其實也可以推導出類似的結果，雖然數值會有不同，不過定性方面的結論是一樣的。

55 氣塊有如一個氣球，當氣球上升時，它的體積一樣會因為外面氣壓減小而膨脹。

56 這話可能很多人不相信，有人會覺得說，即使一個人在走路，他面前的氣壓也會因之改變。問題是，這個改變並不能讓人下結論說它會影響大尺度的天氣，因為別的人走路也許就會抵消這個改變。我們要講的要點是，這些小尺度的變化，就算有的話，也是隨機的，會互相抵消的，而不會變成一個系統性的變化使得大尺度的天氣朝某一個方向演變。也許有人要提出「蝴蝶效應」這個思路，即使微小的變動也能透過非線性機制產生巨大的後果。但是人們往往忽略了蝴蝶效應的一個隱含前提，那就是這隻蝴蝶搧動翅膀產生的變動沒有被別的蝴蝶產生的變動抵消掉而持續地發展，然而這樣的前提幾乎是無法證實的。

的作用。我們不但得出上述這個冷卻的結論，還可以導出冷卻率。首先，我們把
（7.2）式除以氣塊的質量 m 而得到

$$0=\frac{C_v}{m}dT+p\frac{dV}{m}=c_vdT+pd\alpha \qquad (7.3)$$

這裡 c_v 是空氣的**定容比熱**（在固定體積下量得的每單位質量的熱容量），而 α 則是
空氣的比容（每單位質量的體積）。後者與密度的關係是

$$\alpha=1/\rho=V/m \qquad (7.4)$$

因為空氣基本上是一個理想氣體，所以它也應當服從理想氣體定律：

$$p\alpha=RT \qquad (7.5)$$

其中 R 是乾空氣的氣體常數。把（7.5）式兩邊微分，我們得到

$$pd\alpha+\alpha dp=RdT \qquad (7.6)$$

把（7.6）式代入（7.3）式，我們獲得

$$0=c_vdT+RdT-\alpha dp \qquad (7.7)$$

略做整理之後，我們可得

$$(c_v+R)dT-\alpha dp=c_pdT-\alpha dp=0 \qquad (7.8)$$

其中 c_p 是乾空氣的定壓比熱。現在我們又要引用之前提過的流體靜力方程：

$$dp=-\rho gdz=-\frac{gdz}{\alpha} \qquad (7.9)$$

把（7.9）式代入（7.8）式，我們得到

$$c_pdT+gdz=0 \qquad (7.10)$$

整理過後，我們得到

$$-\frac{dT}{dz}=\frac{g}{c_p} \tag{7.11}$$

（7.11）式的左邊是氣塊的溫度隨著高度的變冷率（因為前面有個負號），而右邊則基本上是個常數（重力加速度g在低層大氣「幾乎」是個常數）。這個變冷率叫做「**乾絕熱遞減率**」（dry adiabatic lapse rate），而根據（7.11）式右邊的值算出來是大約

$$\Gamma_D=-\frac{dT}{dz}\approx 9.8°\text{C/km} \tag{7.12}$$

我們可以約略說，**氣塊每絕熱上升1公里，它內部的溫度會降低約10°C**。

　　上面推導的過程也可以當成是氣塊在下降，因為從（7.1）到（7.12）的公式也同樣可以應用在下降的過程。我們會得到類似（但相反）的結論：氣塊每下降1公里會增溫大約10°C。圖7.1是上述這個過程的說明圖。

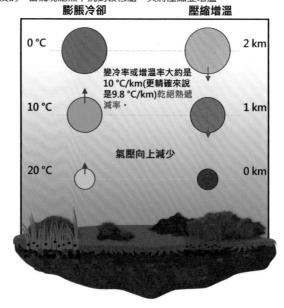

圖7.1　氣塊乾絕熱上升或下降過程圖

<table>
<tr><td>**7.2**</td><td>溫度遞減率與大氣靜態穩定度（**Static Stability**）</td></tr>
</table>

（7.12）式這個乾絕熱遞減率十分重要，因為它決定了空氣的**靜態穩定度**（static stability）的指標（以下簡稱**穩定度**）。首先，何謂穩定度？**這裡指的是環境大氣的穩定度，而不是氣塊的穩定度**；相反地，氣塊是用來測試周遭大氣的穩定度的。我們如何測試周遭大氣的穩定度？辦法是我們「想像」在這個環境大氣裡安置一個測試小氣塊，**這個氣塊起初是和環境大氣處於平衡狀態 ——也就是說，它們有相同的氣壓、溫度及密度**。此時我們把這個氣塊向上或向下移動一下，然後根據我們上面的推導結果來檢驗環境大氣的穩定度。這裡會有三種情況：（1）假如氣塊在被往上（下）移動一小段高度後，它會繼續再往上（下）移動，那這層環境大氣就是不穩定（unstable）的。（2）反之，如果這氣塊在被往上（下）移動一小段高度後，它卻會往下（上）回到原來位置，那這層大氣就是穩定（stable）的。（3）假如氣塊在被往上（下）移動一小段高度後，他就停在那個新位置上不動，那這個大氣就是中性（neutral）的（既非穩定，也非不穩定）。

但是氣塊要怎樣才會往上或往下移動？這就要看氣塊的溫度。理想氣體定律（7.5）式也可以寫成

$$p=\rho RT \tag{7.13}$$

在氣塊和環境大氣的氣壓相同的情況下，如果氣塊的溫度大於環境大氣，那它的密度就會比較小，而在流體中，密度較小的一方會被「**浮力**」（buoyant force）作用而上升，所以在此情況氣塊會上升；反之，如果氣塊比環境冷，它的密度就會比較大，因而會下沉。如果兩者的溫度一樣，那密度也一樣，氣塊會停在那一點，不浮也不沉。總而言之，要點就是比較氣塊和它環境大氣的溫度。**氣塊的溫度是由（7.12）式來決定的**，而環境大氣的溫度則是由許許多多的氣象因素決定，和（7.12）式沒有直接關係，因此環境大氣可以有各種千奇百怪的垂直溫度分布。

圖7.2中幾條溫度垂直分布曲線在圓圈處交叉，就是氣塊和環境大氣的平衡

點。我們就從這出發來探討一下穩定度的問題：這些溫度曲線的傾斜度代表溫度遞減的速率，如果此線垂直，則代表整層大氣是同溫（isothermal），如果傾斜的很厲害，則代表溫度遞減率很大。

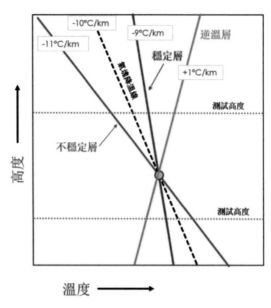

圖7.2　測試環境大氣的穩定度說明圖

　　首先，環境大氣的垂直溫度分布是如同紅線所示的個案，即每上升1 km降溫9°C的情況，現在讓氣塊上升到上面綠虛線所標出的高度。氣塊上升一定得按照乾絕熱遞減率來降溫，也就是圖中黑虛線標出的（每上升1 km降溫10°C）。我們立刻看到，當氣塊上升到上面的綠虛線高度時，它的溫度會比環境大氣冷（在紅線的左邊），因而密度比較大，所以它會下沉回到原點，重回平衡。那假如我們使氣塊下沉到下面的綠虛線高度呢？氣塊還是得遵照黑虛線的溫度變率走，而現在我們看到，氣塊的溫度出現在紅線的右邊，意即在此氣塊溫度會比環境大氣暖，所以密度較小，因此會上浮到原點才重回平衡。結論是，不管我們使氣塊上浮或下沉，放手之後，它都自動會回到原點，所以垂直溫度分布有如紅線的環境大氣，是個穩定層次，而其特徵就是環境溫度遞減率（9°C/km）小於乾絕熱遞減率（10°C/km），也可以說，**紅線不如黑虛線之傾斜，所以穩定**。

　　其次考慮深藍線的個案，深藍線比黑虛線傾斜，所以降溫比黑虛線還要快

（每公里降11℃）。我們看到，如果把氣塊（沿著黑虛線）上移，氣塊的溫度會大於環境大氣，因而會有浮力而繼續上浮；如果把氣塊（沿著黑虛線）下移，則氣塊的溫度會低於環境大氣，密度較大，因而繼續下沉──這就是不穩定的情況。

圖7.2還有一條淺藍線──溫度隨著高度而增大，這就叫做逆溫層（inversion layer）。試著用上面檢驗穩定度的辦法，我們就會發現，**逆溫層絕對是個穩定的層次**。

總結一下：對一個乾氣塊而言，它的環境大氣的穩定度是依靠這個環境大氣的溫度遞減率Γ_E相對於乾絕熱遞減率Γ_D來決定的：

$$\begin{aligned}\Gamma_E<\Gamma_D \quad &\text{stable}（穩定）\\ \Gamma_E=\Gamma_D \quad &\text{neutral}（中性）\\ \Gamma_E>\Gamma_D \quad &\text{unstable}（不穩定）\end{aligned}$$

（7.14）

7.3　　飽和氣塊

上面討論的是「乾氣塊」的情況，氣塊裡純粹是乾空氣或者是雖含有水氣但未飽和。一般的氣塊裡面大多或多或少會有些水氣，所以以下我們討論的氣塊是**內含水氣的氣塊**。

我們在討論濕度時就說過，相對濕度是會隨著溫度的降低而變高的。現在我們看到，當一包含有水氣的氣塊上升時，它會因絕熱膨脹而變冷，可想而知，裡面的相對濕度也會隨著升高。所以只要氣塊上升到足夠高度，它的溫度就會冷到使得水氣相對濕度達到飽和。水氣一旦達到飽和，下一步就是凝結（或沉積，如果變成冰的話），而凝結（或凝華）就會釋放潛熱出來，這時它若仍繼續上升（假設仍然是絕熱過程），仍然會因膨脹而冷卻，但是原來的熱量平衡公式（7.2）就不適用了，因為它沒有包含釋放潛熱這個過程。此時（7.2）式應修正為：

$$0=C_v dT+pdV+（潛熱）$$

（7.15）

詳細的溫度遞減我們不擬在此推導，但可以定性地指出，雖然這個氣塊在達到飽

和後的上升仍然會因絕熱膨脹而冷卻,但卻不會像未飽和時冷得那麼快,也就是說,**飽和的絕熱溫度遞減率會小於乾絕熱遞減率**。因為飽和後會釋放出的潛熱彌補了部分的冷卻,而使得氣塊的溫度遞減率減小,我們把這個飽和後上升的溫度遞減率稱為**濕絕熱遞減率**(**moist adiabatic lapse rate**)Γ_m。[57]

和乾絕熱遞減率不同的是,這個Γ_m並不是個固定值,值的大小要看有多少水氣凝結而定,水氣凝結得多,潛熱釋放就多些,結果Γ_m就會小些;反之,如果凝結得少,潛熱釋放就少,Γ_m就會大些。

Γ_m的重要性在於,當氣塊達到飽和之後,要決定周遭環境大氣的穩定度時,就不能再用Γ_D當標準,而要改用Γ_m,所以原來的穩定度測試條件(7.14)式應改為

$$\Gamma_E < \Gamma_m \quad \text{stable}(穩定)$$
$$\Gamma_E = \Gamma_m \quad \text{neutral}(中性) \qquad\qquad (7.16)$$
$$\Gamma_E < \Gamma_m \quad \text{unstable}(不穩定)$$

Γ_m雖然不是常數,但它的典型值在6-6.5℃/km左右。國際民航組織(ICAO)就是以6.5℃/km(3.65℉/1000 ft或1.98℃/1000 ft)的值當作國際標準大氣(International Standard Atmosphere, ISA),從海平面到11公里高度的大氣溫度遞減率,算是一種折衷的選擇。圖7.3是這個濕絕熱過程的說明圖。

---

57 實際上,氣象學上的濕絕熱過程一般指的是**假絕熱過程**(pseudoadiabatic process),可讓凝結物如雨滴等掉出氣塊外,所以並非嚴格的絕熱過程,在此不詳論。有興趣的讀者可參見Wang, Pao K. (2013). *Physics and Dynamics of Clouds and Precipitation* (Cambridge: Cambridge University Press, p. 467)。

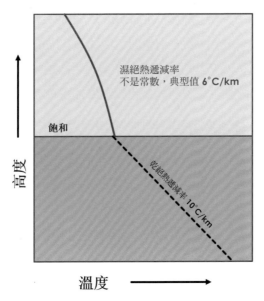

圖7.3　乾絕熱過程與濕絕熱過程說明圖

7.4　穩定度與雲的形成

　　上節提到，當氣塊因上升而冷卻到某一程度時，其中水氣就可能達到飽和，其後續的發展就是凝結會開始發生。如果此時溫度不是低於0°C的話，凝結出來的就是水滴。這些剛凝結出來的水滴很小，最多直徑幾個μm而已，它們會逐漸長大到典型的直徑20 μm左右的水滴，我們把它們稱為雲滴（cloud drops）。

　　這些雲滴，只要濃度夠濃，我們就能用肉眼看到它們，因為它們是很好的可見光的散射體。這時候我們會看到，雲突然在這個層次開始出現，這層次就叫做**舉升凝結層**（lifting condensation level, LCL）。氣塊過了這個階段，不會再以Γ_D的速率降溫，而是以Γ_m降溫了。如果氣塊還能繼續上升，就代表它周遭的大氣層不穩定（條件就是（7.16）式），它會繼續冷卻、凝結（如果水氣足夠），其中雲滴甚至可能長大到幾百μm大小，這已經是小雨滴了，在上升氣流較微弱的情況下，小雨滴可以降落成為降水，此時我們就會看到「下毛毛雨」（drizzle）了。如果水分非常充沛，或是有源源不絕的新氣塊帶來新的水分，雲就可以一直往上增長，小雨滴可以長成大雨滴，降下傾盆大雨。如果雲中溫度低於0°C，水分可

能會先凝結成小冰晶[58]（稱為雲冰，cloud ice），再成長成為雪花（snowflakes或snow aggregates），或者成為霰（graupel）或冰雹（hailstones），圖7.4是舉升凝結成雲的過程示意圖。不過雲的類型有很多種，這裡說的只是最基本的上升冷卻的成雲過程，在後面討論雲類型時，會再稍加詳述各種雲的形成過程。

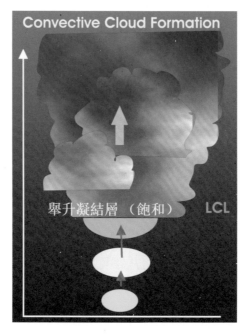

圖7.4　舉升凝結成雲的過程示意圖

7.5　舉升指數（Lifted Index, LI）與對流可用位能（Convective Available Potential Energy, CAPE）

上節測驗穩定度的辦法，對於一個只有單一溫度遞減率的大氣層次而言很單純，但是一般大氣狀況是不會只有一個單一層的，而是可能有好幾層的，而且瞬

58　因為雲中的水滴常常會過冷（supercool），即使溫度到了攝氏零度以下，仍然可能是液態，所以不是一定會結成冰，這點後面還會談到。

息萬變，所以上面那種辦法做基礎物理討論可行，但當作日用則很不方便。日用的穩定度指標有幾種，但有兩種比較常用，就是**舉升指數**（LI）及**對流可用位能**（CAPE）。

▶ 7.5.1　舉升指數

　　舉升指數（LI）是指一個氣塊從某個參考面（通常是用地面）以絕熱過程舉升到另一參考面（通常用500 hPa等壓面）時的溫度，以及參考面環境大氣的溫度差。以500 hPa參考面為例，LI公式是：

$$LI = T_E(500) - T_P(500) \qquad (7.17)$$

（7.17）此式右邊的第一項$T_E(500)$是實測的500 hPa溫度值，這個通常由無線電探空資料獲得；第二項$T_P(500)$則是氣塊經過用絕熱方式升高到500 hPa的溫度，這個過程必須是（1）從地面到LCL，氣塊是以乾絕熱遞減率Γ_D降溫的；（2）從LCL以上至500 hPa則是以濕絕熱遞減率Γ_m來降溫的。以我們前面對穩定度的了解可得知，如果LI是正值，代表環境溫度大於氣塊，於是氣塊比較冷，所以不會繼續上升，而會下沉，所以此層空氣大致穩定。如果LI=0，那麼就是中性；如果LI是負值，那就是不穩定了，負的越多越不穩定，不過造成壞天氣的因素不只一項，所以也沒有人能夠說LI值多少就一定會產生何種天氣，只能從經驗中得出。表7.1是許多定義中分得比較細的一種，其他人的定義數值範圍可能會有些不同，不過大都大同小異。

表7.1　舉升指數與可能對應的天氣狀況

LI值	可能天氣概況
>6	非常穩定
1到6	穩定；不太可能有雷暴
-2到0	有點不穩定，雷暴有機會發生
-6到-2	不穩定，可能有雷暴，尤其是有舉升機制的話（如鋒面接近）
<-6	極不穩定，雷暴可能性很大，尤其是有舉升機制的話

資料來源：Wikipedia, Article: Lifted index.

　　圖7.5是計算LI的一個例子，結果值是-7，代表那天產生雷暴的機會很大。

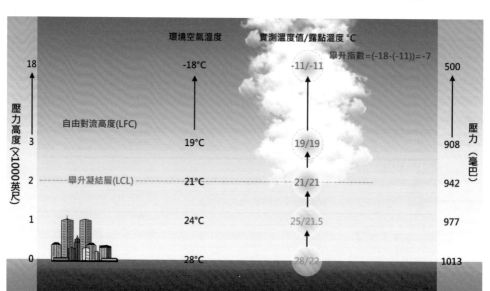

圖7.5　一個可能產生雷暴的舉升指數案例

資料來源：據FAA原圖重繪。

▶ 7.5.2　對流可用位能

　　目前似乎更多人用對流可用位能（CAPE）來判定一個環境大氣的穩定性或不穩定性，其實LI及CAPE都是用來預測劇烈天氣之可能性的，所以說它們代表「不穩定性」可能更為正確。至於什麼是CAPE，用圖7.6來說明最簡易。

　　圖7.6中的粗黑線是探空的溫度曲線，曲線上有兩個新名詞CIN及LFC。CIN是convective inhibition（對流抑制能）的縮寫，而LFC是level of free convection（自由對流高度）的縮寫。LFC就是氣塊上升到這個高度之後，就能夠「自動」上升而不需其他推力。何以能夠如此？即氣塊的溫度必須高於環境大氣才可。

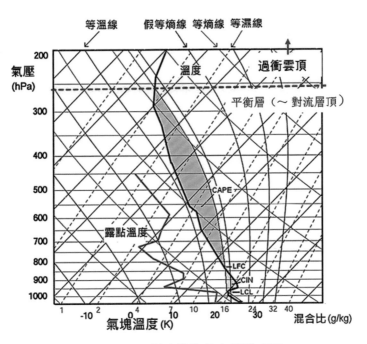

圖7.6　可用對流位能的定義說明圖

資料來源：據NOAA原圖重繪。

　　在這個例子中，氣塊從地面起，以乾絕熱遞減率（沿著乾絕熱線）上升降溫直到LCL。過了這一高度後，氣塊如果再上升，就會按照濕絕熱遞減率（沿著濕絕熱線）降溫。但在這個例子中，LCL之上有一個逆溫層，是個很穩定的層次，氣塊如果要能夠上升，在這裡會遇到阻礙或抑制，除非有「外力」介入，而這個外力有可能是有鋒面（冷鋒或暖鋒都可）提供了廣泛的舉升力道。如果這個外力能夠把氣塊一直抬升到LFC的高度，那麼在此之後，氣塊的溫度就會高於環境大氣，不必靠外力就能自然產生浮力，往上直升，形成濃厚的對流雲，甚至變成雷暴，所以LFC叫做自由對流高度。而在LFC之下到穩定層底部的那一塊近似三角形的面積就是對流抑制能（CIN），氣塊必須借助外力的幫助，才能衝破逆溫層到達LFC。

　　而在LFC之上，氣塊沿著濕絕熱線一路上升，一邊釋放能量（包括在地面原來就有的能量及後來因凝結而釋放的潛熱），當然更可能一邊下雨，一直到濕絕熱線與探空溫度曲線相交處，氣塊溫度與環境大氣溫度相等，氣塊的浮力才消失

掉，這個高度稱為**平衡高度**（Equilibrium level, EL）。在本例子中，這幾乎就是對流層頂了，這是因為本例子就是一個典型強烈雷暴的個案，**而強烈雷暴的EL大致與對流層頂重疊**；也有能量較小的雷暴，其平衡高度遠低於EL，因此不能一概而論。

而從LFC起到EL為止，濕絕熱線與探空溫度曲線中間所夾的面積，就是氣塊上升後所能釋放的能量大小，這就是**對流可用位能（CAPE）**。這是因為探空溫度與濕度的特性所造成的位能，提供給有辦法達到LFC的氣塊往上抬升的能量，所以叫做位能。面積越大，CAPE也越大，如果是雷暴的話——預報員通常會把CAPE當作雷暴強度的一個指標——CAPE至少都好幾百J/kg，強烈雷暴的CAPE常在3000-4000 J/kg或以上。不過形成雷暴還要有有利的環境風場條件，所以有時從探空曲線看CAPE很大，結果雷暴卻沒有發生，或雖有卻不強或不能持久的情況。

假如氣塊能達到EL，因而浮力消失之後，是不是就會停在那一個高度？答案是不會。因為此時浮力雖然消失，但由CAPE轉換成的動能卻不見得會完全消失，這些殘餘的動能會使得氣塊繼續往上衝而突過對流層頂，而形成過衝雲頂（overshooting top, OT）。至於能衝多高就要看殘餘動能的大小了，動能越大，當然也就衝得越高；一般我們會期待CAPE值高的個案，過衝雲頂會高些。

理論上這個過衝雲頂會上下振動，一直到能量完全消耗掉為止，但在有風切的情況下，這個振動會被壓制下來而不易觀測到；不過我們目前已有些衛星資料可以證明這些振動。

7.6　條件性不穩定（Conditional Instability）

我們有時會看到一些科學期刊上提到「**條件性不穩定**」這個名詞，基本上它是用來描述某一層未飽和大氣，其溫度遞減率介乎乾絕熱遞減率與濕絕熱遞減率之間。由於我們用來測試的氣塊有可能原來是未飽和，所以這層大氣對這個氣塊而言是個穩定層（因為其遞減率小於乾絕熱遞減率），一旦氣塊上升到某一高度時達到飽和之後，這層大氣又變為不穩定（因為其遞減率高於濕絕熱遞減率）。

因此這層大氣是否穩定，要看氣塊到底是飽和還是未飽和，是故被稱為條件性不穩定。[59]

---

59 這個名詞的準確定義有些詳細部分仍未有共識，目前有兩個版本，其中的主要差異是對絕熱過程的思考，但對我們這裡的初步討論並不重要。請參閱美國氣象學會出版的氣象詞彙表（Glossary of Meteorology）。

第 8 章
雲及降水

　　雲及降水是天氣的重要項目，一般人認知的天氣無非就是刮風下雨，而下雨就少不了成雲致雨的過程。而雲及降水當然會影響飛航，特別是能見度及積冰的問題，且它們又是天氣中能夠被人眼直接觀察到的現象，不像風是看不見的。因此，我們往往能夠從雲的一些特徵（形狀、高度、覆蓋率）來判斷它們附近的天氣概況，有助於飛航安全。本章將討論雲及降水的一些物理。

8.1　　雲的分類法[60]

　　雲的種類非常的多，但對天氣有重要性的有十種，稱為十個雲屬（cloud genus），它們又被分為四個雲族（cloud family）。這些雲族是以雲底高及垂直厚度來區分的，而在每一雲族裡各有若干雲屬（genus），是以他們的組織形狀來區分。四個雲族是：高雲族（high clouds）、中雲族（middle clouds）、低雲族（low clouds）及直展雲族（clouds with vertical development）。在不同緯度帶，這些雲的高度有所不同，表8.1是這些雲族的大致雲高範圍的列表。[61]

表8.1　雲族及其分布高度

雲族名	極地	溫帶	熱帶
高雲	3-8 km	5-13 km	6-18 km
中雲	2-4 km	2-7 km	2-8 km
低雲	0-2 km	0-2 km	0-2 km
直展雲	0-8 km	0-13 km	0-18 km

---

60 這裡用的分類法是傳統氣象學界的分類法，美國聯邦航空總署（Federal Aviation Administration, FAA）用的分類法與此稍有不同，但雲屬名都一樣。

61 舊制的雲分類法是以雲底高來定義雲族：高雲（6 km以上），中雲（2 km以上），低雲（低於2 km），但實際上雲高在各緯度帶不同，所以表8.1中的比較合理。

　　表8.1中的雲底高度也是個大致值，在不同狀況下可能會有些出入是可以理解的。一般認為，高雲族的雲幾乎全由冰晶組成，而中雲及低雲族由水滴組成，直展雲族則視其厚度，可能會有冰粒子及水滴同時存在的情況，這也只能當作「典型情況」。近年來不少研究指出，一些中雲和低雲之中，也可能含有冰粒子，因而變成是混合態的雲，所以一種雲屬內的粒子到底是液態、固態還是混合態，有視於地域性和季節性的差異，不能當作一成不變。

　　以下我們將敘述各雲族裡的雲屬特徵。雲屬常以它們的組織形狀來命名，如果是連成整片，瀰漫很大部分的天空，命名中就會有**層狀雲**（stratus）的字尾；若是有塊狀排列型態的，就會有**積狀雲**（cumulus）的字尾；若是和雨有關的，就會有雨（nimbo-或nimbus）的字首或字尾；高雲則都有卷雲（cirro-或cirrus）的字首。

8.2　高雲族

　　高雲族裡一共有三個雲屬：卷雲（cirrus, Ci）、卷積雲（cirrocumulus, Cc）、卷層雲（cirrostratus, Cs）。

▶ 8.2.1　卷雲

　　卷雲常在蔚藍的晴空中被觀測到，它們的形狀有很多種，最典型的就是像飄浮在高空的白色長髮，且帶有一些捲曲，有時幾乎可以劃過整個天空（圖8.1）。

圖8.1　卷雲

資料來源：王寶貫拍攝。

　　圖8.1是從地面上觀測的卷雲，地面上觀測雲往往會停留在二維印象的範疇裡，而對雲的三維結構不很清楚，這情形對高雲尤其嚴重。因為高雲的高度太高，從地面很不容易看出他們的三維結構，但如果從飛機上觀測就會比較清楚。從和卷雲差不多同一個高度的飛機上看卷雲是什麼形狀？圖8.2就是這個情形。圖中就可以看出，它們的確也有高度的結構，而不是扁平地鋪在天空中。事實上，有些卷雲還有相當的厚度，光達的觀測指出，它們甚至可厚達3-4 km。[62]

圖8.2　從飛機上所觀測到的卷雲（其下是密布的高層雲）

資料來源：王寶貫拍攝。

　　除了極少數的例外之外，卷雲（和其他高雲）幾乎全部由冰晶組成。卷雲裡的冰晶主要有六邊形盤狀冰晶（hexagonal ice plates）、六邊形柱狀冰晶（hexagonal ice columns）、子彈型簇狀冰晶（bullet rosettes）等（圖8.3）。它們的尺度大約在幾個μm左右，和可見光的波長接近，能夠強烈散射可見光，因而卷雲看起來都非常雪白光亮。

62　Wang, Pao K. (2013). *Physics and Dynamics of Clouds and Precipitation* (Cambridge: Cambridge University Press, p. 467).

圖8.3卷雲中較常見的冰晶類型：
（左）六邊形盤狀冰晶；（中）六邊形柱狀冰晶；（右）子彈形簇狀冰晶

圖片來源：Bentley collection.

　　卷雲本身很稀薄，不會造成降水，但它們卻可能和降水系統有關。許多卷雲源自於積雨雲（即雷暴雲，見稍後的討論）的砧狀雲，或由積雨雲引起的對流層高層的垂直運動所引起，因此一個原本無雲的晴空突然出現許多卷雲，往往代表附近有較強烈的對流系統在發生，不過這並不代表該對流系統會來到觀測點。

▶ 8.2.2　卷積雲

　　卷積雲和卷雲的長條狀不同，而是魚鱗式的塊狀結構，因為高度很高，大都也是冰晶組成的，但是近來有些研究指出，它們很多是由過冷水滴[63] 組成的。這些魚鱗式的結構代表小對流胞，這種對流的垂直尺度很小，所以是淺對流，造成的雲也比較薄，看起來有點半透明，雲塊不太會有陰影，飛機穿過這種雲不會感到有什麼明顯擾動亂流。人們有時會將其與中雲族的高積雲混淆，因為兩者都是魚鱗狀，且人眼不易估測雲高。卷積雲比較高距離我們較遠，所以它的塊狀一般比較小，看起來也比較薄而白，是可與高積雲分別之處。淺對流雲一般都出現在較晴朗的天氣，所以觀測到卷積雲多半代表不會有劇烈天氣。

　　卷積雲的上面如果有太陽，有可能會產生日華（sun corona）的現象（如圖

63　在地面的實驗室裡，一般情況下液態水在0°C時會結成冰，所以把這個溫度稱為「冰點」（freezing point），這種結冰現象在有常量（bulk，意即一般實驗用的水量，通常是幾個毫升以上）的水的情況下出現。然而在大氣的雲中，雲滴的尺度很小，典型的只有20 μm直徑，這麼少的水量其熱力學和常量熱力學是不太一樣的，水滴往往在零下好幾度也不會結冰，這些低於0°C的液態水就被稱為「過冷水」（supercooled water），過冷水也可以在非常純淨及精密控制的實驗過程中製造出來。

8.4），但因為卷積雲通常較薄，所以它的日華分色不明顯，只會見到緊圍繞太陽周圍的光圈；典型的日華通常為高積雲所產生。

圖8.4　卷積雲與日華

資料來源：王寶貫拍攝。

▶ 8.2.3　卷層雲

　　同樣是高雲，和卷雲及卷積雲那特有形狀不同的是，卷層雲幾乎看不出有什麼結構，往往就是均勻地鋪在高空的一層稀薄的冰晶。它們通常是被「視而不見」，如果不是背後有太陽或月亮，人們可能不會注意到它們的存在。但是當有日、月在卷層雲的背後時，我們就能觀察到日暈（sun halo）或月暈（lunar halo）的現象（圖8.5）。

　　日暈、月暈和日華、月華不同；日華、月華的光圈是緊鄰著太陽或月亮，但日暈、月暈則是光圈距離太陽或月亮有一段距離（通常的張角是22°或46°），而光圈內的天空會比較暗些。這些暈象是由於卷層雲內的冰晶折射而引起的，有時會呈現十分驚人的複雜光環，例如幻日、光弧等現象。冰晶是晶體，其分子結構與液態水不同。液態水之分子結構較混亂，因此其折射或繞射光線產生的現象，例如彩虹是比較連續變化的（例如由紅到藍的連續光譜），但晶體結構卻是嚴格的週期性結構，所以產生的折射現象就有嚴格的角度區分。

圖8.5 卷層雲與日暈

資料來源：王寶貫拍攝。

　　長程航班的飛機往往高度在10 km以上，因此就可能會遇到卷層雲出現在飛航高度之下。由於它們很稀薄，通常人們也不會注意到，在有日、月在卷層雲上方時，從飛機上就可觀測到日下暈（subsun）的現象（圖8.6）。因此觀測到日下暈就代表有卷層雲的存在，要不是有日下暈，我們的肉眼是不易覺察這些冰晶的存在的。

圖8.6 卷層雲與日下暈（從飛機下望）

資料來源：王寶貫拍攝。

8.3　中雲族

中雲族有兩個雲屬：高積雲（altocumulus, Ac）與高層雲（altostratus, As）。

▶ 8.3.1　高積雲

高積雲的形狀類似卷積雲，也是魚鱗狀的結構，但是由於它們出現的高度比較低，所以個別塊狀的尺度看起來也大些。它們大多是水滴組成的，其濃度（每單位體積的水滴數）一般要比卷積雲多，所以會顯得比卷積雲暗一些，雲底部常常會有陰影（圖8.7）。高積雲是一般大家認代表好天氣的雲，因為它們出現在比較乾爽的天氣裡。和卷積雲一樣，高積雲也是淺對流雲，對流的尺度很小。

圖8.7　高積雲

資料來源：王寶貫拍攝。

許多雲都可能造成日華及月華，甚至高雲也可能，是由於光線繞射雲中水滴或冰晶而成。但是最通常是出現在中雲的狀況，圖8.8是一個高積雲產生的月華的例子。不論日華或月華，特徵都是內圈（緊鄰日、月光源）是偏藍色而外圈偏黃色。

圖8.8　月華

資料來源：王寶貫拍攝。

▶ 8.3.2　高層雲

　　高層雲是瀰漫全天的中雲，顧名思義，它是層狀而沒有明顯塊狀結構的雲（圖8.9）。比較薄的時候，太陽光可以透過雲層，此時成為透光高層雲；比較厚時則太陽光透不過來，有可能會產生一些小雨，稱為蔽光高層雲。

圖8.9　高層雲

資料來源：王寶貫拍攝。

　　高層雲的出現往往代表比較差的天氣，甚至是風雨將來的前奏。這是因為如上一章所說的，雲大都是由於上升運動引起的，要形成像高層雲這麼一大片的中雲，就必須有大尺度的抬升運動才會發生，而大尺度的抬升運動當然就代表有大尺度的風雨系統在醞釀或接近。如果只是小尺度的波動抬升，那只會產生像高積雲那種淺對流雲。

　　大尺度的抬升運動常發生於低氣壓附近，上一章對鋒面的討論就已闡明了，風雨系統主要就是集中在低氣壓附近。低氣壓不僅產生較差的天氣狀況，也對人的身體及情緒造成影響，而高層雲往往就是在此天氣狀況下出現，讓我們感到不適或心情低落浮躁，不過目前人類心情與天氣的關係還缺乏具體嚴格的科學研究。

　　高層雲從地面上看，似乎沒有明顯結構，但從飛機上往下看，往往可以看到明顯的對流與波動結構（圖8.10）。

圖8.10　從飛機上往下看到的高層雲

資料來源：王寶貫拍攝。

8.4　低雲族

　　低雲族共有三個雲屬，即層雲（stratus, St）、雨層雲（nimbostrtaus, Ns）及層積雲（stratocumulus, Sc）。

▶ 8.4.1　層雲

　　層雲是瀰漫滿天而無明顯結構的雲，和高層雲有些類似，但雲底明顯比高層雲低很多（圖8.11）。典型的層雲有時會伴隨著一些小雨或毛毛雨，這種層雲和高層雲產生的機制類似，也是有大尺度的抬升運動造成的，所以它們的出現也代表較差的天氣可能到來。夏天清晨有時會出現輻射霧（見下一章說明），那種霧經過地面被日照增暖之後會被抬升，看起來也像是層雲，但那種層雲跟較差的天氣無關，反而是一種好天氣的代表。大部分的層雲是由水滴（包含過冷水滴）組成，但也有少部分有冰晶。

圖8.11　層雲

資料來源：王寶貫拍攝。

▶ 8.4.2　雨層雲

　　雨層雲（圖8.12）看起來基本上就像層雲，但它們有明顯的降雨，從小雨到中雨都有可能，但一般不會有傾盆大雨；這同時也表示，雨層雲裡通常不會有太明顯的亂流。

　　從照片上要區分層雲及雨層雲並不容易，但雨層雲由於下雨之故，雲底往往看起來比較破碎（圖8.13）。它們通常相當厚，可達數公里之多，所以從地面看起來很陰暗。FAA的文件將雨層雲歸類為中雲族。

　　雨層雲的組成，除了有水滴之外，也可能會有冰晶、雪片之類的冰粒子；在中層及高層也可能有過冷水滴，因此飛機穿過厚的雨層雲就必須注意積冰的問題。

圖8.12 雨層雲

資料來源：王寶貫拍攝。

圖8.13 有較破碎雲底的雨層雲

資料來源：王寶貫拍攝。

▶ 8.4.3 層積雲

　　層積雲可能是最常見的低雲，它們既有層狀雲那種覆蓋大片天空的性質，又有積狀雲那種塊狀結構，所以稱為層積雲。它們的塊狀單元大都水平尺度比垂直尺度要大得多，這點是和積雲（見下節）的主要區別。

　　層積雲極可能在相對乾爽的天氣出現，也可能在陰沉的天氣出現。在較乾爽天氣出現的層積雲（圖8.14）通常其上沒有其他中雲，在雲塊與雲塊之間往往可見藍天。

圖8.14　透光層積雲

資料來源：王寶貫拍攝。

　　但在陰沉天氣出現的層積雲往往其上有一層高層雲，所以此時陽光很難透過，整個雲區看起來頗為陰暗（圖8.15），有時也會下一些雨。在某些地區（例如日本海）冬季的層積雲甚至會下大雪，所以層積雲可能跟它們的形狀一樣，有雙重性格。

圖8.15　暗層積雲，其上有一層高層雲

資料來源：王寶貫拍攝。

層積雲是一種低層（大都在所謂的邊界層）淺對流雲，任何會觸發低層淺對流的機制都可能造成層積雲。例如，當有寒潮爆發發生時，寒冷的極地冷氣團從大陸移經較為溫暖潮濕的海面，就可能在海面上造成大片層積雲（圖8.16）。

圖8.16　2016年1月25日寒流來襲時，冷空氣在台灣附近因為較暖濕的海面而形成的淺對流雲。台灣海峽上是高積雲，而台灣東部海域則是層積雲。

資料來源：日本Himawari 8氣象衛星、RAMMB-NOAA，Dan Lindsey博士提供。

8.5　　直展雲族

直展雲族有兩個雲屬：積雲（cumulus, Cu）與積雨雲（cumulonimbus, Cb）。所謂「直展」，就是指垂直發展之意，這種雲和較強的上升氣流有關，其強度往往強於形成層狀雲的那種大尺度抬升運動，形成清楚的對流胞，導致這種雲的垂直尺度常常大於它們的水平尺度，它們有時被稱為「對流雲」。

▶ 8.5.1　積雲

如果說，層積雲可能是最常見的低雲，那麼積雲可能是我們最常見的雲，尤其是較小朵的積雲——晴天積雲（fair weather cumulus），它幾乎就是每個人心目中典型的「雲」（圖8.17）。積雲通常底部較平坦（基本上靠近LCL），在較穩定的天氣裡，我們常可見一排積雲的平底幾乎都在同一高度。

圖8.17　晴天積雲

資料來源：王寶貫拍攝。

　　從飛機上俯視早晨的晴天積雲，我們會發現，它們雖然常常不是很規則的排列，但是他們的大小都近似（圖8.18）。每朵積雲就是一個對流胞，類似煮沸的水面那些翻滾的對流胞一般。

圖8.18　早晨從飛機下望的積雲對流胞

資料來源：王寶貫拍攝。

　　晴天積雲如果對流更旺盛，可能就會發展成為濃積雲（圖8.19）。這種雲在台灣的夏季非常常見，他們比晴天積雲要龐大高聳，頂端的形狀如花椰菜一般，每一朵花椰菜瓣其實都是一個小對流胞，是那裡的空氣在進行對流的徵兆。雲裡的空氣有浮力要向上突出，但雲外較穩定的空氣對這種運動產生了阻力，局限了上升幅度，迫使部分雲內空氣向兩旁流去。這樣千千萬萬的小對流胞就造成了雲頂的花椰菜瓣。濃積雲到了一定階段，就可能就可能降雨，通常是陣雨，延續時間不長。

圖8.19　台灣夏天常見的濃積雲

資料來源：王寶貫拍攝。

　　積雲發展到了濃積雲階段，其垂直尺度會明顯大於水平尺度（圖8.19及圖8.20）。其中的上升氣流可以達到每秒幾公尺，但雲和雲中間的晴空區常常是下沉氣流。飛機如果是在離開濃積雲頂頗高的空中飛行，可能只會感受微微的波動，但如果在濃積雲裡穿梭，會感受到明顯的顛簸，因為飛機會隨著這些上升氣流及下沉氣流而抬升及下沉，不過這些顛簸比不上下一節要談的雷暴雲所造成的那麼強烈。

圖8.20　飛機窗外的濃積雲

資料來源：王寶貫拍攝。

▶ 8.5.2　積雨雲

　　積雨雲是所有雲類型中最大的個體，堪稱雲中的巨無霸，它們的俗稱就是雷暴雲（thunderclouds）。雖然不是所有的積雨雲都會直達對流層頂，但比較強烈的積雨雲頂則幾乎就是與對流層頂重合，而他們的過衝雲頂甚至超過對流層頂的高度（見第7章），圖8.21是一個典型的積雨雲。

圖8.21　台灣海峽上的積雨雲

資料來源：王寶貫拍攝。

　　積雨雲是產生劇烈天氣的雲，出現意味著它的下方可能正在刮強風、下大雨，甚至下冰雹、閃電打雷、產生下爆流等種種對飛航十分危險的天氣現象。積雨雲裡面的粒子可以說是「應有盡有」——大小水滴、冰晶、雪花、霰、冰雹、過冷水滴全都在雲中。

　　積雨雲的正上方區域更是晴空亂流的可能發生區，也是飛航應當避免進入的空間。積雨雲的風及降水粒子對飛航也是極端危險，但由於我們會對強烈雷暴對飛航的危險有專章敘述，因此不在此詳述。

8.6　其他雲舉例

　　上面提的四個雲族和十個雲屬只是對天氣預報有重要性的雲，大氣裡還有一些其他的雲種不列於上述的雲族裡，對飛航也有重要性，以下舉兩個例子。

▶ 8.6.1　莢狀雲（lenticular clouds）

　　莢狀雲也稱為「透鏡狀雲」，而它們典型的形狀就是像一片片透鏡，橫掛在天空（圖8.22）。這種雲在多山地區特別容易發生，但在平原地區也一樣會有，只是頻率沒有那麼高。它們是大氣波動的產物，雲形成的地點往往代表波峰的位置。波動是由於風吹過山岳時受到地形的阻隔而產生的，如果該地水汽夠濃，輕微的波動產生的上升運動就能形成莢狀雲。它們可能隨著波動的傳播，在波峰變波谷時一下子突然消失，而在新的波峰處突然出現。它們可能伴隨有相當的亂流，而當空氣很乾燥時，雖有波動卻不會見到雲。

圖8.22　美國西雅圖雷尼爾峰（右側的山峰）的莢狀雲

資料來源：王寶貫拍攝。

▶ 8.6.2　捲筒雲（roll clouds）

　　捲筒雲是一種特殊的雲（圖8.23），**他們特別頻繁出現在澳洲東北部的喀片塔利亞灣（Gulf of Carpentaria）地區，當地人稱之為早晨榮光（morning glory**[64]**）**，因為它們最常出現在乾季之後的秋天大清早。不過在世界其他地區也偶有出現這種雲，只是沒那麼頻繁。

圖8.23　在澳洲出現的捲筒雲

圖片來源：Mick Petroff /Creative Common BY-SA 3.0.

　　這種雲的雲底高度通常很低，在100-200 m左右，捲筒直徑1-2 km左右，但長度卻可達100 km以上。雲大約以10-15 m/s的速度行進，通過某一地時，該地地面會有一陣10-15 m/s左右的強風，可持續5-10分鐘，而且怪異的是，此時氣壓會升高大約1 hPa左右，風向也會反轉。

8.7　　降水

　　上面討論的都是關於雲的種類以及它們的一些物理特性，但是一朵雲不可能永遠存在於天空中，它終究會消失，而消失的方式有兩種[65]：（1）直接蒸發消

64　這也是牽牛花的英文名。

65　在此我們不把一朵雲和其他雲合併當作一種消失的方式。

失，（2）產生降水而消散。這一節將討論降水。

　　降水包括降下液態粒子（即雨水）及固態粒子（雪、霰、冰雹等），這些粒子為什麼會變成降水？主要就是它們成長到超過上升氣流所能承載的尺寸而落下到地面成為降水。然而大氣裡的上升氣流並不是固定值，而是隨處變化的，所以每個降水案例裡的粒子大小也不一樣。例如，為何有時候下的雨是毛毛雨？那就是因為當時雲裡的水滴雖然只有幾百個微米大小，但上升氣流卻很微弱，只有每秒幾公分（cm/s），因此即使是這麼小的水滴它也承載不了，於是落下成為毛毛雨。由此推論可知，能下傾盆大雨的雨雲裡上升氣流一定非常強烈，每秒好幾公尺以上，足以承載大雨滴的成長，直到它們夠大才讓其落下；至於能下大冰雹的雷暴雲裡的上升氣流更是需達每秒幾十公尺才足以承載這麼大的粒子。

　　上升氣流強的雲通常也較厚，要能達到降水的程度，雲的厚度通常要達1.5-2 km以上。下越大的雨，通常雲也越厚，濃積雲及積雨雲可達十公里以上的厚度，便可能降下豪雨等級的降水。

8.8　降水粒子增長機制

　　降水粒子增長機制主要有兩種：擴散增長（diffusion growth）及碰撞合併（collision and coalescence），分述如下：

▶ 8.8.1　擴散增長

　　擴散增長指的是，在水氣條件是「過飽和」的情況下，水氣源源不斷地被送往雲中粒子的表面，使得粒子不斷吸收水氣分子而長大的機制。過飽和就是水氣的相對濕度超過100%，而之前說明過，只要相對濕度超過100%，多出來的水氣就會開始凝結，而這些凝結就會在粒子面上發生。以全部是水滴的雲而言，在過飽和情況下，水氣應當會流向水滴表面使其長大，直到過飽和情況消失為止。如果是全冰的卷雲情況，則是在（相對於冰平面）過飽和情況下，水氣會在冰粒子表面上凝結（凝華過程，見第4章）使其增長的過程。

　　以上兩種過程的確會發生，但是它們對產生降水粒子的貢獻有多大？研究表明，它們在雲剛形成不久後，雲中粒子還很小的時候才有比較多的貢獻；一旦粒

子稍大,這種增長方式速率太慢,不足以產生夠重的降水粒子。倒是有一種情況下,粒子的增長速度會快些,那就是當有冰粒子與過冷水滴同時存在於雲中的時候。原來,相對濕度對液態水和對冰的意義是不太一樣的,我們細看圖8.24(同圖4.4)的曲線就可明瞭。

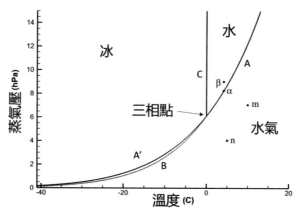

圖8.24　水分的相態平衡

　　圖中的A'曲線是過冷水的飽和蒸氣壓曲線,而B曲線則是冰的飽和蒸氣壓曲線。我們看到,A'曲線位於B曲線之上,這有什麼意義?這就是說,**在同樣溫度下,過冷水所需的飽和蒸氣壓大於冰所需的飽和蒸氣壓**。假設雲裡有個地方,它的蒸氣壓對過冷水而言剛剛好達到飽和,那麼這個蒸氣壓對冰來說,就是大於飽和所需了。雲裡實際蒸氣壓的情況多的是正好介於過冷水及冰的飽和蒸氣壓值之間,所以對過冷水而言,雲裡環境是未飽和,因此過冷水會開始蒸發;而對於冰而言,這個值已經過飽和,所以冰會開始增長。總的結果就是:冰大幅增長而過冷水滴急速蒸發,這種情況下,冰晶會快速增長變大而開始下沉,當他們沉降到暖於0℃的層次時,冰就融化成為雨滴。這個因冰及過冷水並存,導致冰快速增長而沉降融解致雨的過程被稱為白吉龍過程(Bergeron process)或韋格納─白

吉龍—芬代生過程（Wegner[66]-Bergeron[67]-Findeisen[68]process），也被稱為冷雨過程（cold rain process）。

　　不過詳細的計算發現，這個過程所導致的增長率還是不足以解釋一般所經驗到的大雨滴的增長，頂多是造成一些小雨滴而已。現在氣象界一般認為，這個機制是高緯度地區下小雨的可能機制，卻不是中緯度及低緯度的主要降雨機制。

▶ 8.8.2　碰撞與合併

　　要長成大降水粒子，例如大雨滴，更快的辦法是兩個小水滴碰在一起，而合併成一個較大的水滴。這樣的過程稱之為碰撞與合併。圖8.25是雨滴經由碰撞合併而增長的示意圖，這個過程使得水滴的增長速率遠大於擴散增長，小水滴經過碰撞合併，迅速變成足夠大的雨滴而掉落變成雨水，這是個比較能夠合理解釋一般降雨的機制，蘭格繆爾[69] 是最早把這個想法變成一個系統性理論的科學家。在溫度大於0°C的雲裡如果有下雨的話，應當便是由這個過程造成的，因此也被稱為**暖雨過程**（warm rain process）。

66　韋格納（Alfred Wegner, 1880-1930），德國氣象學家、氣候學家、地質學家，最為人知的創見是大陸漂流學說。

67　白吉龍（Tor Bergeron, 1891-1977），瑞典氣象學家。

68　芬代生（Theodor Robert Walter Findeisen, 1909-1945），德國氣象學家。

69　蘭格繆爾（Irving Langmuir, 1881-1957），美國物理與化學家，1932年以表面化學研究獲頒諾貝爾化學獎。

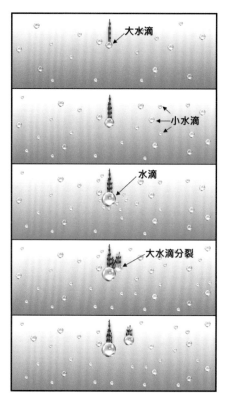

圖8.25　雨滴經由碰撞合併而增長的過程示意圖

資料來源：據FAA原圖重繪。

　　大冰粒子（霰、冰雹）的成長也是由於碰撞合併；霰和冰雹其實是同樣的粒子，當尺度小於5 mm時叫做霰（graupel，圖8.26），大於5 mm就叫做冰雹（hailstones，圖8.27）。大多數的霰都是類似圓錐形狀（也像很小的蓮霧），表面泛白不透明；冰雹則多是球體或橢球體，大冰雹往往呈多瓣狀。大的冰雹可以大如葡萄柚，落速可超過30 m/s，可打破車窗玻璃、損毀大片莊稼、殺死人畜。而它們的緣起是由雲中的一片冰晶碰撞過冷水滴，一經碰撞，過冷水滴便會立即凍結在冰晶上面，形成冰面上小小冰球，這個過程稱之為**結淞過程**（riming process）。如果雲中過冷水層很厚，上升與沉降氣流有多次交替的話，這樣的結淞過程可以反覆發生，結果就會造成很大霰與冰雹，這些霰、冰雹如果降到溫暖的低層便可能融解成液態水，變成雨水。Lin等人（2015）的研究指出，在中緯度的雷暴造成的降雨大約有將近90%的雨水是由大冰粒子融解而來，而低緯度

（如台灣）的雷暴則大約有一半的雨水來自這個融解過程，而另一半來自前述的
暖雨過程。

圖8.26　霰有許多呈圓錐形，類似蓮霧形

資料來源：王寶貫拍攝。

圖8.27　冰雹

資料來源：王寶貫拍攝。

8.9　降水與氣溫垂直結構

　　對於航空而言,一個重要的問題是:在什麼樣的天氣情況下會有什麼樣的降水?假如我們能夠明瞭這種關係,那麼我們或許能夠從未來可能的天氣情勢中預測一下可能的降水型態,對於飛航的計畫是非常有助益的。以下是幾個典型的降水型態與大氣垂直溫度分布的關係圖。需要提醒的是,這些只是「典型」的情況,大氣情況千變萬化,不見得每一次同類型降水都有同樣的垂直溫度分布

▶ 8.9.1　降雪溫度環境

　　圖8.28是產生降雪的溫度環境型態,圖中顯示,產生降雪的溫度環境基本上需要深厚的冷空氣層,最好是全層溫度都在0°C以下。

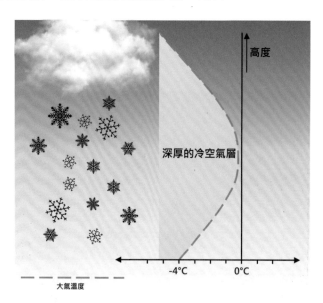

圖8.28　降雪的典型垂直溫度結構

資料來源:據FAA原圖重繪。

▶ 8.9.2　降冰珠(ice pellets)

　　冰珠類似霰,而有些學者會把霰和冰珠歸成一類,因為它們大小和型態看起來差不多。但冰珠是雪花溶解後再凍結成冰的,它們通常比較硬,比較透明,密

度也比較大,落到地面會反彈跳起來,發出類似小塑膠球落地的聲音(圖8.29)。

圖8.29 冰珠

資料來源:王寶貫拍攝。

　　圖8.30顯示一個典型的降冰珠的溫度環境:底層及高層各有一層深厚冷空氣,而中間則有一層較淺的暖空氣(溫度>0℃)層。當雲裡冷空氣造成的雪花落到暖空氣層時,會很快融化成小水珠,但水珠往下落時又遇到一層冷空氣,致使水珠凝結成為冰珠掉到地面。

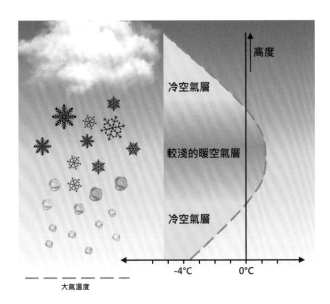

圖8.30 典型的降冰珠天氣的垂直溫度結構

資料來源:據FAA原圖重繪。

▶ 8.9.3　凍雨（freezing rain）

　　凍雨是所有降水型態對交通影響最為可怕的一種，任何在被凍雨蓋上的道路上行走的行人或開車的駕駛都知道，那地面上滑溜的程度根本使得走路及開車幾乎是不可能。所謂凍雨就是雨水在空中是過冷水滴，一旦和固體表面接觸就立刻凍結成冰，而且和表面的結合非常牢固，要去除它們很不容易（圖8.31）。

圖8.31　凍雨（路上、樹上都可能結了一層冰）
資料來源：王寶貫拍攝。

　　飛機在飛航中進入有過冷水滴的雲層中時，這些過冷水滴就會擊中機身而凍結在機身上變成積冰，嚴重影響飛航安全，這點在討論積冰時再詳加說明。

　　圖8.32是產生凍雨的典型溫度情況：高層雲中冷空氣產生一些降雪，冷空層之下是一層較深厚的暖空氣層，因此雪花在此層中溶解成為水滴。但是當它們降落到底層時，又遭遇了一層冷空氣層，使它們變成過冷水滴。這些過冷水滴落到地表的路面或樹木等固體表面，就成了凍雨。

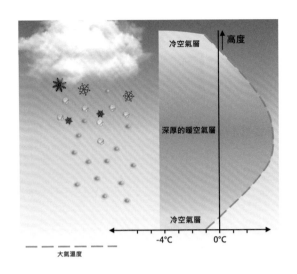

圖8.32　凍雨天氣的典型垂直溫度結構

資料來源：據FAA原圖重繪。

▶ 8.9.4　降雨

　　圖8.33是典型的降雨垂直溫度分布，在雲的上部大致是冷空氣層，溫度可以低於0°C，但是雲底之下時深厚的暖空氣層，是故降水型態基本上就是降雨。

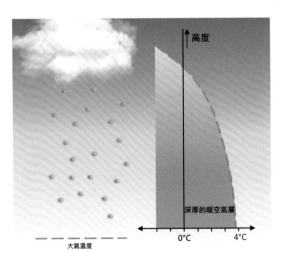

圖8.33　典型降雨天氣的垂直溫度結構

資料來源：據FAA原圖重繪。

第二篇

航空天氣進階

第9章
危害飛航的風況及低能見度天氣狀況

在本章中我們將討論危害飛航的風況及低能見度的天氣狀況。

9.1 危害性風況（Adverse Wind）

危害性風況指對飛航有危害的風況，包括側風（crosswinds）、陣風（gusts）、尾風（tailwinds）、風向不定（variable wind）及風向突變（sudden wind shift）。

▶ 9.1.1 側風

側風是指風向至少有部分分量是和飛機前進方向垂直的，而它是引起飛機是否能夠順利起飛或降落的重要危害性風況之一。飛機的起飛或降落最理想的就是迎著風向來進行，因為一來這可使得飛機的對地速度極小化，不需太長跑道就可升空，而在降落時也會較有時間做必要的調整來順利降落。如果風向變得和前進方向有垂直分量，那就有側風，而飛機就有漂離既定方向的危險，風向越趨垂直於跑道，飛機的方向控制會變得越困難。如果駕駛員沒有做出適當的調整，飛機可能會漂移出跑道外，或者會造成起落架因側負載（sideload）而受損。圖9.1是側風情況示意圖。

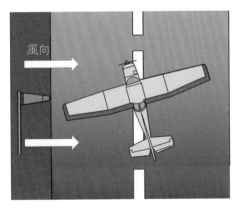

圖9.1　側風情況示意圖

資料來源：據FAA原圖重繪。

▶ 9.1.2　陣風

陣風指的是風速產生波動,而高值與低值相差10 knots以上。就算飛機是完全迎著風向,陣風也會使得飛機在起飛或降落時產生空速的波動,讓飛行員造成困擾。陣風發生時會使得飛機空速增大,因而升力也增大,造成飛機瞬時猛升;而當陣風停止時,空速又急減,升力也遽降,飛機會猛沉。在飛機即將著陸時如果發生陣風,對安全著陸會是個大大的挑戰。

▶ 9.1.3　尾風

尾風,顧名思義,就是從機尾方向向前吹的風,這可不一定是正對機尾吹,而是只要風有一個在這方向的分量就算是了。尾風對起飛降落都有很大的危險,在有尾風的情況下起飛,飛機為了要獲得足夠的升力必須加快速度,因而需要更長的起飛滑行距離,結果有可能飛機滑行出跑道盡頭都還無法升空。就算升空,因為初始的爬升梯度較小,有可能到了跑道盡頭還無法避開障礙物。飛機降落時,在有尾風的情況下,由於地速會變得較快,同樣需要較長的著陸滑行才能完成。因此,風況的掌握是起飛降落的規劃中絕對不可忽略的項目。

▶ 9.1.4　風向不定／風向突變

從上面的論述我們得知,風向對飛機的起飛與降落是具有主導地位的重要性。若風向不定頻繁地變來變去,一下子頂風,一下子又變成尾風的話,飛行員將會手忙腳亂不知如何控制航向,就算是風速不大也會有極大的麻煩。

▶ 9.1.5　風切

風切(wind shear)指的是風向或風速在空間上的變化,在水平方向的變化就叫做水平風切(horizontal wind shear),在垂直方向的變化就叫做垂直風切(vertical wind shear)(圖9.2)。

了解大氣裡風切的狀況及可能的變化,對飛機的起飛降落的規劃也是極其重要的。

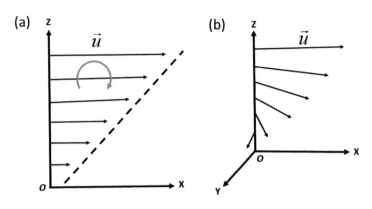

圖9.2　風切示意圖
(a)垂直風切（因風速隨著高度改變），這樣的風切會導致渦度的產生（如灰色弧線
　箭頭所示）。(b)風向及風速都隨高度而變的情況。

9.2 　衝擊能見度的一些天氣情況

　　能見度對飛航是一個極其重要的氣象因素，低能見度不管在空中或地面都是
飛航（或者任何運輸）安全的一個重大風險。有一些天氣狀況跟低能見度特別有
關，諸如：霧、薄霧、靄、煙、降水、吹雪、塵暴、沙暴及火山灰等，下面將一
一檢視。

▶ 9.2.1　霧（fog）

　　我們大多數人都見過霧，一般的霧是由小水滴組成的，我們稱之為霧滴。如
果氣溫低於0°C而霧滴仍然是液態水的話，就稱之為**凍霧**（freezing fog），這是
類似凍雨的概念。如果霧滴已經變成冰晶的話，就稱之為**冰霧**（ice fog）；以下
主要討論霧滴是液態水的狀況。如果地面有霧，但高度不超過2 m，對視線並不
會造成障礙，則我們把它叫做**淺霧**（shallow fog）或**地霧**（ground fog）。

　　霧滴的典型直徑約是5 μm，但範圍可從約1μm到幾十個μm，每個霧的案例
會有所不同。霧可以說是和地面接觸的雲，之所以能夠嚴重降低能見度就在於它
們可以強力散射光線。我們知道，可見光的波長約0.4-0.7 μm，而霧滴的尺度接
近這些波長，這種粒子尺度與波長相若的散射成為**米氏散射**（Mie scattering）

——粒子的大小越接近光的波長，其散射能力越強。強烈的散射使得霧被光線照了之後呈現一片白茫茫，能見度會變得很低。目前美國FAA的規定，在**儀器飛行**（instrument flight rules, IFR）的情況下，起飛的最低能見度是：1哩（1-2引擎飛機）、1/2哩（3引擎和以上的飛機）、1/2哩（直升機），但起飛與降落所需的最小能見度還需視各個機場的具體情況而定。

霧當然是一種水氣凝結的現象，而產生凝結的必要條件就是空氣必須達到飽和。[70] 一團原來未飽和的空氣要如何能達到飽和？基本上有兩條路徑：（1）把空氣冷卻到露點溫度；（2）把空氣裡水氣量增加到飽和蒸氣壓。[71] 經由冷卻而達飽和產生的霧有輻射霧、上坡霧、平流霧；而經由水氣增加而達飽和產生的霧有鋒面霧和蒸氣霧。當實際溫度和露點溫度相差超過2°C時，很少會有霧發生。我們以下討論各種不同的霧的類型。

9.2.1.1　輻射霧（radiation fog）

這裡的「輻射」指的是地表的熱輻射，和放射性物質的輻射無關。輻射霧基本上是一種在夜間到大清早發生的天氣現象。我們在第3章討論過地表輻射，地表輻射其實一天24小時都在進行中，但白天地表一直在接受太陽輻射，所以地面有能量淨收入，能保持溫暖，但夜間沒有太陽輻射，只有地表輻射在做能量支出，所以地表會冷卻。如果入夜天空晴朗無雲，而大氣上層水氣稀少，則地表冷卻會比較快，到了下半夜或接近黎明，地表會相當冷。此時低層如有足夠水氣，溫度可能就會低於露點溫度，低層空氣達到飽和，甚至過飽和，輻射霧就出現了（圖9.3、圖9.4）。

輻射霧除了夜空晴朗乾燥及有低層有一淺淺的潤濕層的條件外，另一有利於霧生成的條件是地面風很微弱，甚至靜風。在靜風情況下，輻射霧通常較薄。有風（但小於5 kts）的情況，輻射霧會厚些，因為風會促使上下層空氣混合，使低

70　有時候空氣平均而言並不一定飽和，但裡面有一些小區域會飽和或過飽和，所以雖然整體而言空氣只是接近飽和，但霧還是可能出現；在有適當的親水性氣溶膠粒子存在於空氣中時，霧滴更容易產生。

71　這兩條路徑並不互相排斥，而是可以同時發生的；不過在一般情況下，會是其中一條路徑扮演成霧主要角色。

溫可以傳到上一點的層次。風太大的話，上下混合太強，不利於輻射霧產生，但
可造成層雲。

圖9.3　輻射霧

資料來源：王寶貫拍攝。

圖9.4　美國加州的中央山谷（Central Valley）濃厚的輻射霧衛星影像

資料來源：NASA.

　　輻射霧通常發生於陸地上，因為水面上即使入夜晴朗，由於水的比熱大，輻
射降溫也很有限，但陸地因為比熱小，較容易降到露點溫度以下。輻射霧可以很
濃，但厚度通常不會很厚（因為其上需要晴空的條件之故）。濃的輻射霧使得水
平能見度極小，飛機無法起飛。

當日出後，地面開始吸收太陽輻射而變熱，溫度高過露點溫度，輻射霧會逐漸消失，往往變成薄的層雲，然後完全消失。對機場而言，預測輻射霧何時會消失對航班的調度十分重要。

9.2.1.2　平流霧（advection fog）

平流霧是由於暖濕空氣移經較冷的表面時，空氣會被冷卻；如果能夠冷卻到露點溫度以下，那麼空氣達到飽和，霧就會出現。這種霧叫做平流霧，因為它是由於空氣的水平移動（就是風）造成的，那就是平流。「較冷的表面」可以是陸地，也可以是海面（就稱為海霧，sea fog），而平流霧常常發生在海岸地帶，因為海面上的空氣通常是比較潮濕的；一個眾所周知的平流霧經常發生的地點就是美國的舊金山（San Francisco）（圖9.5）。

圖9.5　美國北加州舊金山灣區常見的海霧（海面平流霧），看起來像貼在海面的雲
資料來源：王寶貫拍攝。

舊金山灣區之所以經常發生平流霧的原因，是因為美國加州的海岸邊有一道自北向南流的加利福尼亞海流，是一道寒流，因此加州海邊的海水頗冷，尤其是北加州。當風向是西風時，暖濕空氣從更遠的太平洋區進入舊金山海邊，在此遭遇冷海面而使得溫度降到露點以下，空氣達到飽和便形成了平流霧（圖9.6）。這種霧如果繼續移進陸地上，會使原來艷陽高照的舊金山市區一下子降溫5、6°C，風雖然不大，但不知就裡又沒有準備的遊客往往被這種突如其來的寒風侵

襲發顫。[72] 這種海霧往往可以在海上停留幾個星期之久。

　　同樣道理，我們可以理解，夏季如果熱帶暖濕氣團移往高緯度較冷的表面時，也容易形成平流霧。

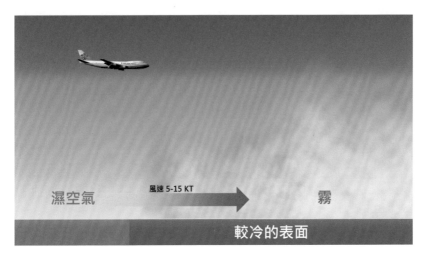

圖9.6　平流霧的形成

　　平流霧一般會隨著風速增大（到15 kts左右）而變得更深厚和廣泛，但如果風速比15 kts更高，則可能會變成層雲或層積雲。平流霧通常比輻射霧更廣泛更持久，不過對一個飛進一團平流霧中的飛行員而言，不會感覺它和輻射霧有明顯不同。

9.2.1.3　上坡霧（upslope fog）

　　上述的輻射霧及平流霧主要都是因為空氣接觸冷表面而冷到低於露點溫度時所形成的霧，但在討論雲的形成的時候，有說到空氣絕熱上升也一樣可以變冷達到露點溫度，因此上升運動也可以造成霧，而上坡霧就是這種機制造成的（圖9.7）。圖中看到當一團潮濕空氣沿著山坡往上升時，絕熱膨脹使得空氣變冷，到了露點以下，我們便會看到霧沿著山坡形成一片。由於上坡霧是依靠上升運動形成的，不像輻射霧需要晴空散熱，因此即使在多雲的天氣也可能產生。

72　有一個據傳（但沒有實證）是美國文豪馬克吐溫（Mark Twain，原名Samuel Langhorne Clemens，1835-1910）所說的名言「美國最冷的地方是夏天的舊金山」，指的就是這種突然而來的寒風。

圖9.7　上坡霧是因濕空氣沿山坡上升，膨脹冷卻而成。

資料來源：Martin Setvak提供底圖重繪。

9.2.1.4　鋒面霧（frontal fog）

　　在一個鋒面系統中，當鋒面前進時，它前面的暖濕空氣會被抬升，常常形成厚雲並降雨（圖9.8）。

圖9.8　鋒面霧的形成

資料來源：據FAA原圖重繪。

　　這些雨會降到下面的冷空氣中，如果冷空氣本來就已接近自己的露點溫度，那麼這些降水蒸發後的水氣可能就足以讓冷空氣達到飽和，於是霧就產生了。這種霧稱為鋒面霧（或降雨霧或雨霧），最常出現在暖鋒附近，但也可能出現在其他鋒面系統中。鋒面霧常常涵蓋廣大範圍，而可從地面開始，上接濃雲，一片白茫茫，一邊同時還下著雨，往往持續很久一段時間，是一種非常糟糕的天氣，通常會導致所有飛航活動停止。

9.2.1.5　蒸氣霧（steam fog）

　　上面提過的舊金山平流霧是因為暖濕空氣移經冷表面，致使暖濕空氣降溫達到露點溫度造成的。如果是冷空氣流經溫暖水面（例如湖面或河面），也一樣會造成霧，叫做**蒸氣霧**（steam fog）。溫暖水面上一般的水蒸氣含量比冷空氣裡多，但是因為溫度較高，所以相對濕度往往不夠飽和；一旦冷空氣移來和水面上的暖濕空氣混合後，溫度降低，便可能使得原來的水氣量達到飽和，就形成了蒸氣霧（圖9.9、圖9.10）。這種情況在秋冬的湖上，或是冬季寒潮爆發冷空氣經過海面上時可以見到，不過蒸氣霧層通常很淺。

圖9.9　台灣北投地熱谷的蒸氣霧

說明：和其他蒸氣霧形成原理一樣，都是水上暖濕空氣與其上冷空氣混合後達到飽和而凝
　　　結成霧。

資料來源：王寶貫拍攝。

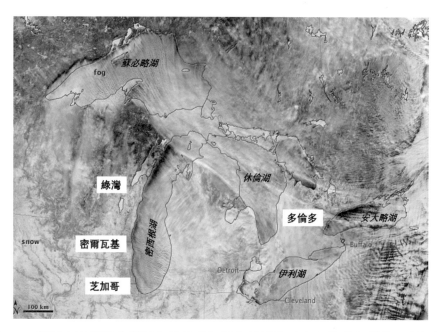

圖9.10　美國中西部五大湖區冬季的蒸氣霧衛星影像（白色條狀組織就是蒸氣霧）

資料來源：NOAA.

　　前述平流霧底部是冷的表面，依照第7章的穩定度討論，我們知道下冷上暖的溫度結構是穩定的。而蒸氣霧的溫度結構卻是相反的——底部是溫暖水面而上面是較冷的空氣，所以蒸氣霧上面的溫度結構是屬於較不穩定的，從它的蒸騰的纖維狀結構可以看出，有時甚至會出現一些漩渦結構，此時飛機若穿越蒸氣霧可能會感到一些對流擾動。

9.2.1.6　輕霧（mist）

　　輕霧又稱為靄，它們跟霧一樣，也是小水滴或冰晶懸浮於空中，但濃度不似霧的濃密，形成的相對濕度在95-99%之間，比霧低一些，能見度會減到1-11 km之間，使景物看起來略呈灰色。有的學者把輕霧當作是霧和霾之間的一個過渡類別，不過這三者之間還沒有嚴格區分的定義。

9.2.1.7　霾（haze）

　　霾是由比霧滴和雲滴更小的粒子組成的，它們很多比1 μm還要小，就是所謂的「次微米粒子」（submicron particles），人眼是看不見的，但是能強烈地散

射可見光，所以當濃度夠大時，就會大大地降低能見度，使空氣呈現一種乳白色。其實當霧滴或者雲滴在相對濕度100%時，如果僅靠水蒸氣凝結是不太可能的，還需要有凝結核（condensation nuclei, CN）的存在才有可能，而靄裡的一些可濕性的粒子就是作為凝結核的；靄可以說就是一種「乾霧」，含水量比霧要少得多。但如果周遭環境逐漸變濕，這些靄的粒子就會被活化（activated），而長成為霧滴或雲滴。[73] 由於它們的粒徑很小，散射短波可見光的能力較強，當背景黑暗時，靄看起來會有些藍色的。

靄由於一般比較乾燥，所以它們對能見度的降低力道也許不若霧那麼強，但是它們能使遠處的景物雖能見卻不能清晰辨認。靄粒子一旦環境變濕潤，就會迅速長大，使得能見度更低，這時它們就會逐漸變成霧了。

許多靄的案例是由於空氣污染造成的，而空污通常在大氣較穩定時發生。現代的大都市是空污經常發生的場所，導致這些都市所在的機場也常常是空污盤踞的地方，尤其是天氣晴朗無風時。靄層通常可以有數百公尺到1公里之厚度，但也可能3-4公里厚，靄層之上，空氣乾淨，可見藍天白雲，而靄層之下就是一片灰茫茫的世界了（圖9.11）。

圖9.11　東京上空的靄

資料來源：王寶貫拍攝。

---

73 可參考王寶貫（1996），《雲物理學》（台北：國立編譯館）。

在霾層裡，空對地的斜距能見度（slant range visibility）通常很差，而且能看多遠還要視飛行員是面向或背向太陽而定。

9.2.1.8 煙霧（smoke）

煙霧（或煙）是因燃燒引起的小粒子懸浮在空氣中的現象，這些小粒子可以是固體粒子，也可以是液體粒子（例如油滴），更有可能是固體粒子上包裹了一層有機液體，當然會使能見度降得很低。當煙霧傳送了一段距離（40-160公里）之後，大粒子會落地，但小粒子卻能停留在空氣中，它們會變得和霾類似，難以分辨。

煙霧造成的問題不只是能見度，有些煙霧裡含有大量的有毒物質，最常見的是一氧化碳（CO），吸入過多的一氧化碳可使人缺氧致死。另外有些煙霧還可能會有氰化氫（hydrogen cyanide, HCN）及光氣（phosgene, $COCl_2$），也都是可能致命的化學物質。

如果天氣基本上是晴天的話，霧往往會隨著白天太陽照射使地面變暖而逐漸消散，霾和煙霧雖會隨著地面增暖對流變強而升到較高層次，逐漸會變稀薄，但卻是不容易消失的，導致整個白天能見度都不易改善。

9.2.1.9 降水（precipitation）

降水，不管是液態（雨、小雨、毛毛雨）或固態（雪、霰、冰雹），都可能降低能見度。大雪可能會把能見度降到零，一般的雨很少會把能見度降到1哩（1.6公里）以下，就算有，也只是在短暫的強陣雨中，應當很快會過去；倒是毛毛雨降低能見度的程度往往比雨要厲害些。下毛毛雨是從層狀雲下來的，空氣較穩定，雨滴比一般的雨小，個數也較多，散射光也比較強，而且往往伴隨著霧一起出現。當毛毛雨轉變為雨的時候，能見度一般會改善，因為雨滴的濃度（每單位體積的個數）會變得較少了。

9.2.1.10 吹雪（blowing snow）

吹雪不算降水，但是雪片落在地面上後，由於它們的質量很輕，風力稍強就可以把它們吹到空中。吹雪高度通常不高（2-3公尺），但風強之時也可能高達15公尺以上，造成跑道上水平能見度急劇降低（低於1公里以下）。所有的降雪類

型裡,乾的粉狀雪片最容易被吹上天空,遮天蔽路,跑道能見度可以很快降到零,稱之為**白朦天**(whiteout)。不過風一止息,雪片會很快落回地面,能見度就很快會恢復正常。

9.2.1.11 塵暴(dust storm)

地面上的塵土和雪片一樣也是能夠被強風吹起,帶到天空中,造成能見度的急劇降低,這就是塵暴。塵暴通常起源於地球上乾燥地帶,特別是沙漠地區,例如中國內蒙古及蒙古的一些沙漠,以及北非的沙哈拉沙漠。這些地方表面上的塵土不像潤濕地區表面黏貼之牢固,因而容易被風吹起;但要造成塵暴的風力必須很強,而這些地方在特定季節會產生劇烈風暴,能產生強風將塵土帶上高空,其中細小的粉塵可以隨風傳輸幾千公里。塵暴發生時,發源地點的能見度可以降到零,距離越遠則能見度會改善。

但有些並非沙漠地帶的地區也照樣會有塵暴,例如一些乾涸的湖床或河床在風大時也會有塵暴發生。造成塵暴的風速至少需要15 kts,如果地表有堅硬岩石面的話則需要35 kts以上。塵暴的平均高度在3000-6000呎(約1 km),但也可高達15000呎(~4600 m)。

塵暴在白天因為地面加熱,空氣較不穩定,會衝得較高。入夜地面開始冷卻,低層空氣變得穩定,塵土會紛紛落地,能見度也會獲得改善。如果沒有亂流存在的話,塵土的沉降率約為每小時1000呎(~300 m),所以一場嚴重的塵暴可能要好幾個鐘頭才會「塵埃落定」。飛機飛在塵暴裡十分危險,除了能見度會瞬間變成零之外,塵土飛入進氣口也會造成引擎阻塞,造成光電系統故障,並危害乘員的健康。

對飛行員而言,需注意的是,在塵暴中從飛機上所見的空對地斜距能見度(slant range visibility),往往比地面觀測報告的水平能見度要小;亦即使地面水平能見度是3哩(~5 km),飛行員從上面可能看不出機場位置。

9.2.1.12 沙暴(sand storm)

廣義來說,沙暴也是塵暴的一種,不過沙暴特指由沙粒組成的塵暴,而沙粒一般比塵土粒子要大,大致在60 μm到2 mm左右,是肉眼可見的尺度。由於顆粒加大,沙暴通常不會很高,常見的大概3-4 m左右,少數可高達15 m。整體現

象類似塵暴，但通常局限在真正的沙漠地區，特別是沙丘發達的地區。

　　哈布風（haboob）就是一種沙暴，在許多沙漠地區都會發生（例如北非、澳洲、北美等地的沙漠）。揚起沙粒的強風來自鋒面附近的強烈冷沉降氣流，通常由劇烈雷暴引起；而被揚起的沙塵可高達雷暴雲底，為時通常短暫卻非常強烈，可以蔓延100公里左右，沙暴中也常可見旋風（圖9.12）。

圖9.12　塵暴（哈布風）

資料來源：FAA.

9.2.1.13　火山灰（volcanic ash）

　　火山爆發會噴發許多細小岩石粉末到高空，甚至到平流層的高度，可以在高空停留很久，對飛行其中的飛機不只是降低高空能見度，而且也對飛機引擎造成危害（圖9.13）。每年世界都有數次火山爆發，而火山灰不一定肉眼能見，尤其是在夜間或是儀器飛行氣象條件（instrument meteorological condition, IMC）時，就算看得見，我們也很難分辨它是火山灰的雲或只是普通的雲。航管雷達看不到火山灰，倒是氣象雷達或許在火山爆發初期可以看到噴出的濃度較高的火山灰。

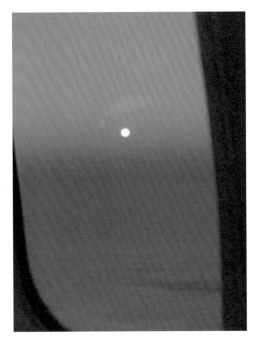

圖9.13　2010年冰島艾雅法拉火山爆發到高空的火山灰，在火山灰之上的是東昇的月亮，不是落日。

資料來源：王寶貫拍攝。

　　飛進火山灰裡是非常危險的一件事，因為火山灰有大量的二氧化矽（玻璃）粒子，當它們被吸進噴射引擎時，會熔化而形成一種黏稠的熔解物黏在壓縮機的渦輪葉片及燃料噴射器／點火器上面，而堵塞了進氣通道；空氣進不到引擎，不能點火，發動機於是會減速停止轉動，最終熄火。當飛機穿出火山灰而進到較冷的空氣裡時，那些在渦輪葉片上因冷卻而硬化的二氧化矽會脫落，風扇葉片又得以開始轉動，空氣進來使得引擎重新點火發動。活塞型引擎飛機比較不會因此失去動力，不過即使只進到火山灰裡幾個鐘頭也必定會對飛機造成嚴重損害。

　　飛機以每小時好幾百公里的高速飛經火山灰時，對飛機一定會造成磨損，因為這相當於高速的粒子衝過飛機。高速的灰粒會把擋風玻璃磨成有如磨砂玻璃一樣，讓駕駛員視線不明；同時也會把機頭及機翼前緣及導航裝備的漆磨掉而且把金屬打成麻子坑。灰粒也會污染飛機的通風、油壓、儀器、航電及空氣資訊系統，而機場跑道上的標誌會被火山灰蓋住，使得飛機在起降時也難以剎車。

9.2.1.14　低雲幕（low ceiling）

低雲幕對飛航安全是個嚴重問題，因為飛機在濃密雲裡能見度幾乎是零，而雲幕太低會使得駕駛員在起飛降落時能反應操作的時間太短。低雲幕通常由層雲引起，在第8章討論雲時說明過。層雲和霧很像，都是由細小的水滴組成，由於這些水滴尺度接近可見光波長，散射強烈，致使它們能極大地降低了能見度。層雲和霧也常常一起發生，例如在輻射霧及鋒面霧的狀況。陸地上的層雲雲幕往往在夜間及清早最低，日出後因為地面加熱而會漸漸抬高，乃至消失。

然而不同類型的低雲幕對飛航安全的危害程度不同，其中雲幕高不定的情況比固定雲幕高的情況更為危險（圖9.14）。

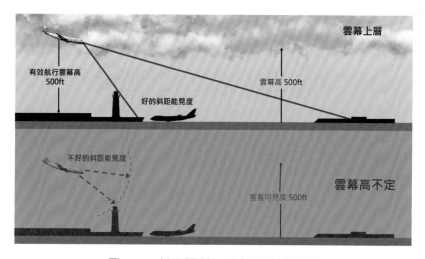

圖9.14　低雲幕對飛航危害的說明圖

資料來源：據FAA原圖重繪。

圖9.14中，一架飛機在穿過一層雲底高為500呎的雲幕後，斜距能見度變好，可以清楚地看見跑道全長及塔台等，因此沒有什麼危險。而在雲幕高不定的情況下，駕駛員降到500呎，斜距能見度仍然不好，可能看不見跑道，當然就有風險。

9.2.1.15　山岳遮蔽（mountain obscuration, MTOS）

當山峰或山脈被雲、降水、煙霧或其他現象遮蔽，而使得飛機駕駛員看不清或看不見這些地形時，就造成了山岳遮蔽的情況，在這種情況下飛越山岳地區是

一件十分危險的事情。山地地形高高低低落差很大，地面天氣報告很容易被誤解。假如有個氣象站是位於山谷中，它可能發出一個**目視飛行規則**（visual flight rules, VFR）下的雲幕高度天氣報告，而一個在山裡步行的觀測員卻會報告說是有霧。雲幕的定義是「離地面的高度」（above the ground level, AGL），而山地地區的「地面」高度卻是變得很快，駕駛員很可能會錯估了地面的高度與雲幕的關係。

第 10 章
亂流與積冰

10.1　簡介

亂流（turbulence），有時也稱為紊流，是指流體運動時的一種不規則現象，特徵是高頻率而無規律的振動，幅度有時大有時小。對飛航而言，它特別表現在飛機快速的上下跳動，有時只是令人懊惱的小顛簸，有時是劇烈駭人的震晃。這種顛簸震晃會造成飛機結構上的損害，甚至解體，也可能使得機內的乘客受傷。傳統的解析式流體力學還很難去敘述亂流的過程，目前多半用數值電腦模式來模擬亂流的現象。

許多人有一個錯誤的概念，以為有亂流就是代表空氣不穩定，其實亂流和穩定度是兩個不同的概念。亂流在穩定和不穩定大氣裡都可能存在或發生，但亂流在不同穩定度的大氣裡的特徵會有所不同。

積冰（icing）是飛航安全的另一個重大議題。積冰是由於雲中的水滴或冰粒子撞擊機體之後凝結在其上，改變了飛機外在（特別是機翼）的形狀，導致飛機原設計應有的流體力學特性（如升力）改變而無法進行順利的飛行，甚至因而造成飛安事件。

以下我們先討論亂流，其次討論積冰。

10.2　亂流的起因

在原本平穩的氣流中，突然有了不規則的亂流，它們不會憑空出現，而一定是其來有自。亂流是如何產生的？在航空的範疇裡，亂流基本上有三個途徑，即：對流性亂流、機械性亂流及風切。以下分別來詳述。

▶ 10.2.1　對流性亂流（convective turbulence）

對流是每天在大氣中進行的重要動力過程，擔任低層空氣與高層空氣熱量及

動量交換的角色。在一個晴朗的夜晚，地面輻射使地表冷卻，這個冷的地表一直延續到清晨，使得地面附近常常形成一個下冷上暖的逆溫層，因此早晨的大氣往往較為穩定。[74] 但是日出後，太陽能量使得地面變熱，而由於地面上的不均勻性，有的地點容易熱，有的地點熱得慢些，也使熱點的空氣因為較暖，密度較周遭空氣小而產生浮力，因而上升。然而大氣是一個連續體，有地方上升一定會導致有的地方下沉，這就是對流胞（convection cell）。上升後的空氣會因絕熱膨脹及其他機制（如傳導、輻射）降溫變冷而下沉，但其他附近的暖空氣會上升來遞補。被太陽增暖的地面上會有無數的對流胞在上下運動著，如此周而復始，維持對流活動。晨光越老，地面越暖，對流胞也越升高；如果對流胞的頂部由於絕熱膨脹降溫低於露點溫度，就會看到雲出現，這些是晴天積雲（見圖8.17），所以晴天積雲就是出現在對流胞的頂端。

當對流胞迅速往上升時，由於這種對流尺度相當巨大（積雲的典型直徑在1km左右），在它的下端的流場還是相當的紊亂（圖10.1）。

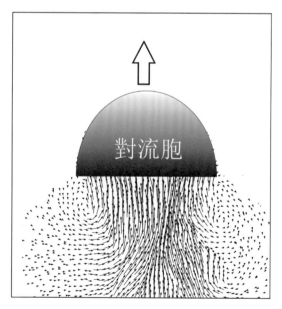

圖10.1　一個上升中的對流胞周圍的流場常常有亂流

74　當然，當有天氣波動傳來時就不一定如此。

　　所以我們可以知道，在積雲下面的流場一定有許多不同程度的亂流，飛機如果飛在這樣的層次內（包括雲裡和雲下面），會感到不同程度的顛簸。而在積雲上面，則基本上是穩定的層次，雖然會有一些因為積雲的抬升運動而產生的重力波[75]，但是除非發生碎波（wave breaking），否則這些波動是有規律化的緩慢升降，飛行其中大致平順，不會讓人感到顛簸（圖10.2）。這種情況也已被許多雷達觀測證實[76]；而雲頂上的碎波，尤其是較劇烈的情況，通常在有雷暴的時候才比較多，這點會在後面討論雷暴時提到。

圖10.2　一片普通積雲區的底部較常有亂流，而雲頂之上則較常有重力波。
資料來源：王寶貫拍攝。

　　圖10.2是在有雲的情況下，但這並不是說，沒有雲就不會有亂流。即使沒有雲，只要地面有足夠的加熱而產生對流，稱之為乾對流，也就是我們之前在第4章提過的熱泡現象（見圖4.7）。乾對流照樣會造成亂流，只是空氣乾燥不能凝結成雲而已。飛機飛在熱泡上面比較平順，但熱泡下面和積雲底部一樣常有亂流（圖10.3）。

75　這裡的重力波是一種內部波（internal wave），是在有密度分層的流體中（例如大氣層或海洋）發生的，它們不像一般水波只把能量水平往外傳，而是可以垂直傳送。

76　Sato, Kaoru (1992). "Vertical Wind Disturbances in the Afternoon of Mid-summer Revealed by the MU Radar." *Geophysical Research Letters*, 19(19): 1943-1946.

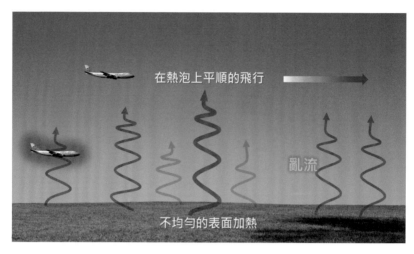

圖10.3　熱泡區的亂流

資料來源：據NOAA原圖重繪。

▶ 10.2.2　機械性亂流（mechanical turbulence）

　　一股原來平順的氣流突然受到了障礙物的阻擋，原來的氣流勢必要改變方向和流速繞過這個障礙物。這些改變相當突然，會使得流體的各部分互相衝撞，速度一下向東、一下向西，有的地方急而有的地方緩，這就形成了亂流，其中含有大大小小的漩渦（eddies）以複雜的方向流動和轉動（圖10.4）。這些擾動隨著流體流向下游，會逐漸互相混合減弱而消失，終於復歸於平順。所以亂流基本上發生在障礙物的下風方向附近，但有的擾動亂流可以傳播很長一段距離，所以亂流的特徵並不全是一樣的。

　　亂流的強度會隨著障礙物表面的粗糙度及風速而變，一般而言，風速越強，表面越粗糙，亂流的強度越劇烈。至於亂流會傳播多遠則和風速及空氣的穩定度有關，在不穩定空氣裡形成的漩渦會比在穩定空氣裡大一些，但不穩定度也會使它們比較快碎散，反而在穩定空氣裡漩渦會撐撐得久一些。

　　任何平坦地表上的突出物都可算是障礙物：例如樹木、電桿、建築物（房屋、橋樑等）、地形、山岳等都是。可以想像，像山岳這種龐然大物，它們如果造成亂流，其尺度一定也是非常大的。

圖10.4　風吹過障礙物（例如山峰）常常在下風區產生亂流

資料來源：據NOAA原圖重繪。

▶ 10.2.3.　山岳波（mountain waves）

在氣象學上，山岳波原來是指由於風吹過山峰或山嶺所造成的波動，基本上是一種有規律的震動，並不一定和亂流相關。但是在飛航安全的議題上提到「山岳波」，指的是這種波動現象所附帶引發的亂流，而這種亂流的確對飛航安全有重大風險。

這種因山岳障礙氣流產生的亂流當然是一種機械性亂流，波動本身近乎靜止狀態——也就是說，雖然風一直在吹拂，但是波峰與波谷似乎老是在同樣地點出現[77]（圖10.5）。這樣的波動甚至可以延展到下游超過1000 km。而由於這種波是在大氣裡發生，而大氣是個密度分層的流體，所以它是個**內部重力波**（internal gravity waves），其能量可以往垂直方向傳播到甚高層次，曾有測量到達到60 km的高空！

77　如果波動真的完全不動，則物理上叫做駐波（stationary waves）。

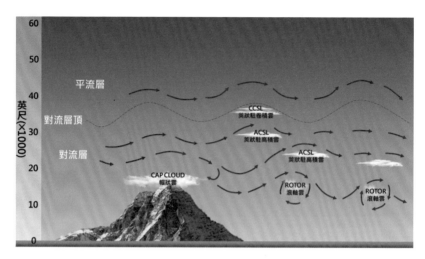

圖10.5　山岳波的形成

資料來源：據NOAA原圖重繪。

　　如圖10.5中所指出的，在較低靠近山峰的層次，風一旦越過山頭通常會急速沿著山坡下沉，這種下沉速度有時可能會超過飛機的最大爬升率，被捲入這種情境的飛機很可能就會撞上山坡。

　　氣流過山一段距離後又開始上升做波動，如此不斷地往下游傳動出去。在低層的風切容易使此層產生滾軸式運動（rotors），如果水氣足夠的話會產生滾軸雲（rotor clouds）（見圖10.6）。如果山岳是一長排的山嶺，則滾軸雲可能是一長條狀，平行於山脈的走向。**滾軸雲裡面有強烈亂流**，氣流忽上忽下，而滾軸上半部的氣流與滾軸下半部的氣流風向相反，飛機（尤其小型飛機）進入這個區域會有極大風險。滾軸雲是以水平為軸的滾動，外表有些破碎，與莢狀雲的整齊外觀不同。

　　較高層次的氣流通常波動比較規則，如果上層有足夠水氣，在波峰附近會形成莢狀雲（莢狀駐高積雲，altocumulus standing lenticular, ACSL；莢狀駐卷積雲，cirrocumulus standing lenticular, CCSL，「駐」是指這些雲的位置幾乎沒有移動）（圖10.6，同時也見圖8.22），因為波峰附近就是氣流的上升段，而上升段會絕熱膨脹冷卻而成雲，但下沉段則絕熱壓縮反而會讓雲消失。飛行員如果看到這些雲，就應當警覺當地一定有山岳波存在，也很可能有亂流。

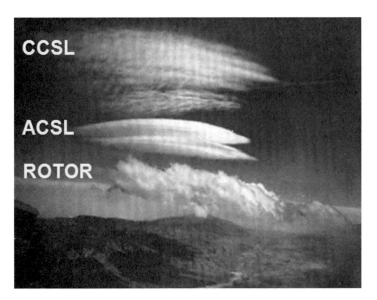

圖10.6　由上而下分別是莢狀駐卷積雲、莢狀駐高積雲以及滾軸雲

資料來源：FAA.

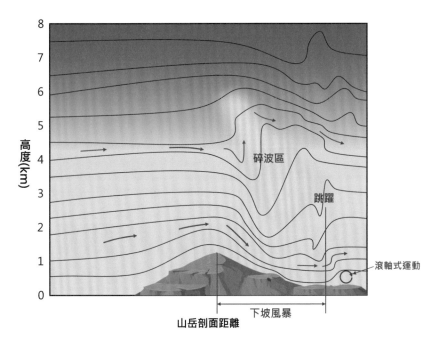

圖10.7　山岳波的氣流場（在波的上升段如果空氣水氣足夠多都可能成雲）

資料來源：據NOAA原圖重繪。

　　山岳波的發展和風速及山岳的高度及形狀有關，在某些適當的山岳高度及風速配合情況下，山岳波會產生**碎波**（wave breaking），而碎波就是一個產生亂流的重要機制（圖10.7）。碎波區如果沒有足夠水氣，不會形成雲，但是飛機飛進入碎波區一定會遭遇嚴重亂流而產生極大風險，而造成這種現象的山還不一定需要很高，然而高的山，影響更大。總而言之，地形障礙對氣流的影響非常大，在崇山峻嶺眾多的地形（**例如台灣**）**從事飛航**，必須要對當地地形在各個風向風速情況下，可能產生的亂流做嚴謹的了解與評估，才能避免嚴重飛航事故。

▶ 10.2.4　風切亂流（wind shear turbulence）

　　我們在上一章說過，風切指的是風速與風向在空間上的改變率，其單位是每單位長度的風速改變量（風速不變但風向改變的話，用兩個風速的向量差就可以提得到風速改變量），通常指的大都是垂直風切，即風向或風速在垂直方向的改變。

　　圖10.8顯示，當兩個層次的風方向相反時，在兩層中間就有可能產生亂流，這就是風切亂流。其實風向不必剛好相反，只要「不同」，就會產生同類效果。什麼時候大氣中會容易有這種風切現象產生？一個常見的案例就是有逆溫層（inversion）發生的時候。

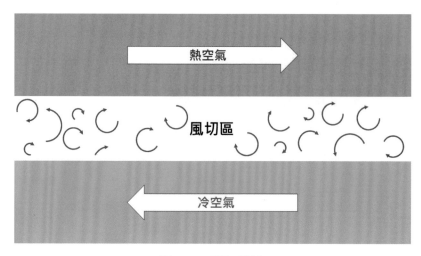

圖10.8　風切亂流

資料來源：據NOAA原圖重繪。

• 逆溫層與風切亂流

逆溫層的定義就是溫度隨著高度增加而增暖的大氣層次。逆溫層可在早晨地表由於輻射冷卻而造成地面比起上空的空氣冷而產生，也可能因為冬季被高壓中心所籠罩，較高層的空氣由於下沉運動造成絕熱壓縮增溫，而地面卻為極地冷氣團侵入而變冷，因而變成下冷上暖的逆溫層。另外，在山區裡，較重的冷空氣被局限在山谷中，其上的空氣比谷中空氣為暖，也造成了逆溫層。逆溫層與其上的普通層次間常有較大的風切，因而可能造成亂流（圖10.9）。

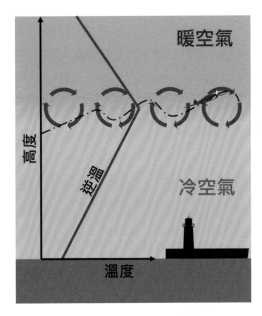

圖10.9　逆溫層與亂流

資料來源：據NOAA原圖重繪。

▶ 10.2.5　晴空亂流（clear air turbulence, CAT）

晴空亂流一般指的是在**對流層上層及平流層低層**（upper troposphere-lower stratosphere, **UTLS**）約20000-50000呎（約6000-16000 m）的無雲晴空中發生的亂流，基本上也是風切造成的亂流。它們常發生於噴流軸心（見5.3節的討論）與它們的周邊空氣間，因為那裡的風切非常大。由於沒有可見的雲示警，因此飛機常會毫無預警的遇到晴空亂流。此外，由於冬季噴流的強度較強，一般預期冬季碰到晴空亂流的機會較大。

　　近年來的研究發現，**許多晴空亂流其實跟強烈對流性雷暴有關**。雷暴的強烈上升氣流會在對流層頂產生大振幅的內部重力波，而這種大幅度的重力波常常有碎波的現象，因而造成極大的亂流，而這些亂流會在UTLS向外會傳播出去，遠超過雷暴區好幾百公里，造成高飛的飛機有可能在遠離雷暴的晴空裡遇到這些亂流。關於這點我們會留待討論雷暴時一併解說（第11章）。

10.3　積冰（Icing）

　　積冰是飛航安全上的一個重大問題，任何水分的凝結或凝華在飛機體上形成冰的事件都叫積冰。積冰的危害又是一種累積性的危害，一架飛機歷經積冰的時間越久，危害越大。雲中**過冷水滴**的存在是產生飛機積冰的最主要因素，尤其是結構積冰（structural icing，機體外表）；積冰若是發生在引擎，那就是引擎積冰（engine icing），不一定和過冷水有關。

　　機體的形狀是飛機能夠在空中平順飛行的一個主要因素，例如，機翼的截面形狀（稱為翼剖面，airfoil）必須是能夠在適當的攻角使飛機飛行時可以產生升力並降低阻力的形狀（圖10.10）。不同的翼剖面會產生不同的升力及阻力，但都必須是經過精心設計以符合飛行器的要求；若飛機遭遇積冰，翼剖面會被霧淞凍結而改變了形狀，而那新的形狀可能導致升力減弱或阻力增加等等不利於飛行的後果，嚴重時飛機可能會失速墜毀。

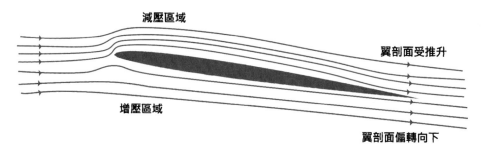

圖10.10　通過機翼的氣流氣壓分布可以使空氣對飛機產生升力（氣壓梯度力的方向朝上）

▶ 10.3.1　過冷水滴（supercooled water drops）

許多人以為液態水若冷卻到0°C時就會凍結成冰，實際上那只發生在液態水

量較多時，例如茶杯或試管裡的水。如果是大氣中的液態水，情況就很不一樣，因為大氣中的水滴很小，像典型的雲滴是10 μm，初生期則更小。這麼小的水滴一定是圓形的，曲率（＝1/半徑）非常大，而曲率大的液體的表面張力（surface tension）很可觀，在熱力過程中絕不可忽略。[78] 正是表面張力的作用使得許多小水滴得以在0℃以下仍然保持液態，這種液態水就叫做過冷水。「過冷」本身是一個介穩態（或稱亞穩態，metastable state），而不是真的穩定態，但在缺乏適當的誘發機制時，介穩態可以維持一段長時間；如果有誘發機制，例如和他物撞擊，介穩態會立即轉變為穩定態，而水在0℃以下的穩定態就是結成冰。

但這並不是說，雲中的過冷水滴尺寸都很小，也有較大的過冷水滴，被稱為**過冷大水滴**（supercooled large drops, SLD），它們的直徑超過40 μm；在40-200 μm範圍內的過冷水滴叫做**凍毛雨**（freezing drizzle），超過200 μm則叫做**凍雨**（freezing rain）。這些SLD有的是由過冷小水滴經過碰撞結合而長大的（稱為暖雲過程），有的則是雪片在較深的對流雲中，在高層的暖區（溫度大於0℃）中融化成水滴，然後這些水滴又被送至冷區（溫度小於0℃）但沒有凍結，而成為凍雨滴或凍毛雨滴，都可能產生更大的積冰風險。

許多研究顯示，大氣中的冷雲（即雲中溫度低於0℃）大多數都是過冷水，在T = -12℃時，大約只有50%的雲裡有冰粒子存在，其他50%的雲裡全部是過冷水滴。這也就是說，飛機飛過雲中低於0℃的區域時，有很大機會會碰到積冰的狀況，只是有的危害大而有的危害小而已。只有當溫度低於-40℃的時候，才會幾乎100%的雲裡都是冰粒子。

10.4　結構積冰（Structural Icing）

結構積冰指的是積冰發生在飛機機體的外表上，基本上就是飛機穿過雲中的過冷水區，使得過冷水滴撞擊在飛機外表而凍結成冰的過程。結構積冰有三種：霧淞積冰（rime icing）、雨淞積冰（clear icing）及混合積冰（mixed icing）。

78　可參考王寶貫（1996），《雲物理學》（台北：國立編譯館）、Wang, Pao K. (2013). *Physics and Dynamics of Clouds and Precipitation* (Cambridge: Cambridge University Press, p. 467).

▶ 10.4.1　霧淞積冰

　　霧淞積冰是由小的過冷水滴撞擊在機體上，它們幾乎是一撞上立刻就凍結成冰粒子，小冰粒很不透明，看起來是乳白色的。先到的水滴會直接凍結在機體上，通常是凍結在機翼前沿（上風）部位或機頭上風部位（圖10.11）。如果這些部位已經布滿了霧淞的話，後到的水滴會直接凍結在先到的霧淞上，所以霧淞積冰看起來崎嶇不平，霧淞與霧淞間會有空隙，結構鬆脆而使得機體表面粗糙，整體不透明。崎嶇不平的形狀會大大地減低了飛機原有的飛航氣體動力性能，大多數通報的積冰事件都是霧淞積冰。

圖10.11　霧淞積冰

資料來源：NWS/NOAA.

▶ 10.4.2　雨淞積冰

　　雨淞積冰會形成一片透明或半透明的冰片凍結在機體上，這是因為過冷水滴較大（前述的SLD），它們不像小過冷水滴一碰到機體那麼快就凍結，而是一部分先凍結，剩下的液體會稍微被氣流推向後方流動再結成冰，這樣較緩慢的結冰就形成透明或半透明的積冰（圖10.12）。它們的表面不像霧淞那樣粗糙，而是較平滑，有時形成細流狀或硬塊狀，密度也比較大。

圖10.12　SLD造成的雨淞積冰

資料來源：NASA.

　　雨淞積冰的狀況比較容易在溫度稍高、液態水含量（liquid water content, LWC，單位是g/m^3）較大，而且水滴也較大的情況時發生。

　　雨淞積冰的危險性比霧淞積冰要大，它們有時在機翼前沿的頂部和底部形成角狀冰（horns，圖10.13），而這些牛角體會在機翼造成一片局部亂流區，比霧淞積冰所造成的要大得多。由於它們（尤其在初期）是透明的，駕駛員不容易注意到積冰正在發生，而且它們可能擴展到很大一片，使得除冰裝置不容易除掉它們。

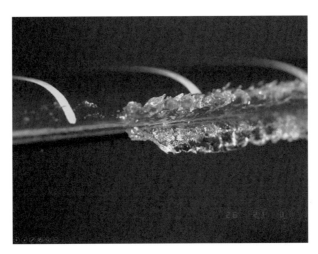

圖10.13　風洞實驗室裡產生的直升機旋翼上的雨淞積冰

資料來源：NASA.

▶ 10.4.3　混合積冰

　　混合積冰，顧名思義，當然就是霧淞積冰與雨淞積冰兩者都存在的情況。會產生這樣的狀況是因為在短距離內（幾十公里左右），飛機飛經了不同的溫度、液態水含量及水滴粒徑的雲區，有的雲區發生了霧淞積冰，而有的雲區則發生了雨淞積冰。從側面觀察混合積冰層，可見透明層次與不透明層次疊在一起（圖10.14）。

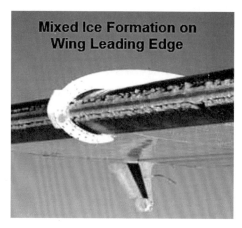

圖10.14　混合積冰

資料來源：NOAA.

　　混合積冰的危害和雨淞積冰類似，而比霧淞積冰要嚴重些。它們可以在機翼前沿形成角狀冰或其他形狀而造成亂流，且比霧淞分布得面積更廣，因而更難去除。甚至分布到除冰裝備無法達到之處，造成更大面積的流動分離及亂流，大大地影響了機翼的飛航操作。圖10.15顯示以上三種積冰型態發生在機翼上的特徵。

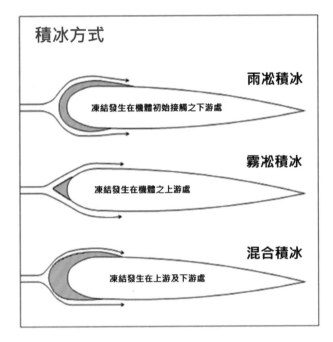

圖10.15　三種積冰型態示意圖

10.5　影響積冰的因素

結構積冰的形成是由幾個氣象因素影響，其重要性依次為：（1）過冷液態水含量（supercooled liquid water content, SLWC）（2）溫度（和高度相關）（3）水滴粒徑。除了這些氣象因素之外，當然風速及飛機機型也有重要性。

SLWC的重要性在於它決定了有多少液態水可供積冰，**通常積狀雲裡的SLWC最高而層狀雲的最低。**不過在大多數積冰的案例裡，SLWC值都不高。其次，溫度當然對積冰的影響也很大，首先，溫度高於0°C的話當然不會有積冰，從0°C開始，有冰的可能性逐漸變大，直到-40°C就完全都是冰為止。**幾乎所有的積冰現象都出現在0°C至-20°C之間，其中有一半的通報案例發生在-8°C到-12°C之間。**以高度而言，最常發生的高度是10000呎（~3000 m）而約有半數的積冰發生於5000呎與13000呎（1500-4000 m之間）。若溫度低於-40°C則不會有積冰發生，因為過冷水滴在此溫度已不復存在。

　　不同類型的積冰也發生在不同的溫度範圍：霧淞積冰大致發生在-15°C以下的溫度環境，而雨淞積冰則大致發生在比-10°C要暖的溫度，而混合積冰則大致發生於-10°C到-15°C之間。當然這只是個大概指標，具體的積冰型態還要看SLWC，水滴粒徑及和飛機有關的參數而定。

　　舉例而言，一架飛機如果在低於0°C的環境裡飛了許久，然後下降到比0°C溫暖的層次，它的機身不會一下子就會比0°C暖，因為機身變暖是需要一段時間的，而在那之前，機身仍是低於0°C（有的甚至到降落後都還低於0°C），而此時積冰仍然可能發生。那些把油箱齊平安裝在機身上的飛機最容易發生積冰風險，甚至在比0°C稍暖的溫度環境裡都可能發生。

　　水滴粒徑也能影響積冰，但其重要性一般不如SLWC和溫度，除非是在有過冷大水滴（SLD）的情況。小水滴的積冰一般都在機翼及機身的前端，而SLD的積冰可以伸展得更下風的遠處。

　　飛機的空速則是影響積冰的一個非氣象因素，但它會影響積冰的型態及嚴重性。空速越快，每單位時間內過冷水滴撞擊越多，所以積冰理論上也就累積得更多；但空速快同時也會使得機體外皮因摩擦力增大而變暖，而暖的外皮會使積冰減少，所以這個機制會抵消因撞擊次數多而增多的積冰。一般而言，當空速超過575 kts時，機體的積冰問題就無關重要了。

　　機型與設計的不同導致不同機體每個部位的空氣動力及熱力特性也不一樣，而這些也會導致積冰的情況各不相同，所以駕駛員必須知道他們的飛機特性才能有效地應付積冰的問題。

　　商用噴射機的結構積冰風險通常比輕型螺旋槳機要輕微的多，因為一般而言，噴射機通常配有較強大的除冰設備，飛得也較快，而且往往飛行在更高的高空，而高空溫度常常冷到積冰不太可能發生，因為這麼冷的溫度不太可能有過冷水。反之，輕型螺旋槳機飛得較慢，而且也常在較低空飛行，碰到會產生積冰的環境也就較多，而這類飛機的除冰設備也往往不如噴射機之強而有力，因此積冰風險也較大。

10.6　不同雲型對積冰的影響

不同的雲型內的雲微物理及動力熱力特徵會有所不同，這裡我們只將雲型分為層狀雲（stratiform clouds）及積狀雲（cumuliform clouds）兩大類。

▶ 10.6.1　層狀雲內之積冰

對層狀的低雲及中雲而言，積冰通常局限於一個厚度介於3000呎到4000呎之間的層次，所以即使飛機一直在雲裡飛行，把飛行高度改變個幾千呎往往就能避開積冰環境。若有積冰的情形，也大都是微量（trace）或輕量（light）積冰而已。最大的積冰風險發生於雲的上部，積冰型態則是霧淞積冰及混合積冰為主。層狀雲的積冰風險主要來自於它們廣大的水平尺度，在層雲裡飛越久當然積冰風險也越大。高層的層狀雲（溫度低於-20°C）很少有積冰的問題，因為它們裡面大都是冰晶組成的了。

▶ 10.6.2　積狀雲內之積冰

積狀雲的特點就是水平方向的廣度不如層狀雲，但垂直尺度卻比層狀雲要大，也就是說雲比較厚。以此之故，積冰的情況變化較多，主要看是積狀雲是在哪個發展階段。在小朵的積雲裡，積冰可能只是微量，而在濃積雲（cumulus congestus，俗稱towering cumulus，圖10.16）或積雨雲裡積冰可能會非常嚴重。

積冰在積狀雲裡只要是高度位於凍結層以上（溫度低於0°C）都可能發生，但是最嚴重的區域是在雲的上部，因為那裡的上升氣流最強而SLD也最多，可以一直往上延伸到-40°C的層次；積冰型態通常是雨淞積冰或是混合積冰。總而言之，積狀雲，尤其是厚的積狀雲，其積冰的風險是非常大的。

圖10.16濃積雲有較高的積冰風險

資料來源：王寶貫拍攝。

10.7　鋒面對積冰的影響

　　上節講的是針對個別的雲型對積冰的影響，但雲的形成是受到更大尺度的大氣運動所制約的，而大氣中最容易形成眾多的雲種類型的地方就是鋒面系統。**事實上，大多數的積冰案件都發生在鋒面附近，而它們在鋒面之上或之下都可能發生**（圖10.17）。在一個鋒面系統中，要讓積冰發生，暖空氣需要被抬升到溫度低於0°C的層次而達到飽和，這樣形成的雲內就會有許多過冷水滴，飛機撞上它們就產生了積冰。如果暖空氣不穩定，積冰可能只是零星地斷斷續續發生；如果暖空氣是穩定的，那積冰就會在一個廣闊的範圍裡發生。冷鋒上一系列的陣雨或雷暴裡可能會有積冰的情況，但是會局限在一個較狹窄的範圍內。

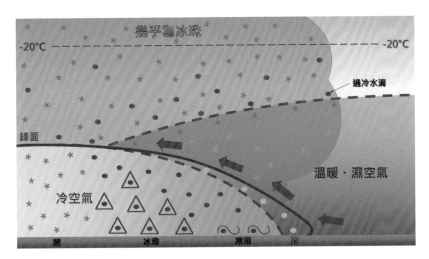

圖10.17　鋒面附近的積冰

資料來源：據FAA原圖重繪。

　　一個最容易發生嚴重的雨淞積冰的區域是鋒面下的凍雨或凍毛雨區。雨滴先是在鋒面上的暖區（比0°C暖），接著降下到溫度低於0°C的冷區，變成了過冷水滴，而且會有不少SLD，飛機穿過此區就會產生積冰。如果冷空氣層較淺，則地面上可能產生凍雨，反之如果冷空氣層較深厚，過冷水滴會凍結成冰珠掉在地上。所以如果在地面上觀測到冰珠，那就代表上空的過冷水層很深厚，過冷水滴數量豐沛，嚴重積冰就會在那發生。總而言之，這些凍雨和凍毛雨區都可能發生嚴重的積冰事故，而它們可能分布非常廣闊，駕駛員想要用降低航高來規避這些區域非常困難。

10.8　山岳對積冰的影響

　　山岳對積冰有嚴重影響，積冰在由山岳作用形成的雲裡常發生，而且往往情況嚴重。

　　如圖10.18中所示，山岳的迎風面迫使氣流往上抬升，經過絕熱膨脹降溫而使空氣達到飽和而成雲。在這種急速上升的氣流裡形成的雲，雲滴很快衝過0°C層次而不會凍結，因此很容易有大量的過冷水滴。如果是鋒面通過山區，鋒面的抬升加上山岳的上坡抬升作用會產生一個十分危險的積冰區。最嚴重的積冰區發

生在迎風面的高於山頂的雲內，通常在山頂高度之上約5000呎，但是如果積狀雲發展的話可能會更高。

圖10.18　山岳對積冰的影響

資料來源：據FAA原圖重繪。

這種山岳雲區造成積冰的特別風險在於，由於山的高度，駕駛員可能無法用降低航高到較低暖層來避開積冰。如果飛機是從迎風面飛向山岳，有可能因為積冰的緣故使得飛機無法飛越山頂或甚至無法維持原有航高，其結果就可能是墜毀了。

10.9　積冰的危害

結構積冰會使飛機的性能降低，飛機表面因結構積冰粗糙而增加了阻力，也降低了機翼產生升力的能力。積冰的重量雖小，卻對飛機造成巨大的空氣動力方面的阻滯。為了要對應這些阻滯，飛機要耗費更多動力來平衡阻力，機頭攻角也要拉高來維持航高，結果這會使得機翼及機身底部累積更多的積冰。

風洞實驗及實際航行測試顯示，在機翼前沿或上表面累積的霜、雪及冰，即使僅僅像一張普通砂紙的厚度，就足以使升力減少30%，而阻力增加40%；更多的積冰會使得升力減得更厲害，而阻力甚至可增加80%以上！

冰會累積在飛機任何暴露的機件的前沿部位，諸如機翼、螺旋槳、擋風玻璃、天線、通風口、進氣口、整流罩等等，也可能會在加熱器或除冰器達不到的地點發生，使得除冰變為不可能，也可能使得天線擺動得太嚴重而折斷。太嚴重的積冰會使得一架輕型飛機無法繼續飛行，因太高的空速及過低的攻角會使飛機失速熄火，不受控制地翻滾和傾側，最終回天乏術。

無論飛機上是否有防冰或除冰裝置，駕駛員的第一步動作應該是立即離開那一片明顯有水分的區域，設法把飛機降到雲底之下或是飛到雲頂之上。如果沒法這樣進行，那就設法飛到比0°C要溫暖的高度。

10.10 引擎積冰

結構積冰發生在飛機的外表上，但飛機引擎也有可能發生積冰，這可是截然不同的過程。

• 化油器積冰（**carburetor icing**）

在一個吸氣式引擎裡，化油過程可以使得吸進的空氣溫度降低33°C之多。如果進來的空氣水分含量高的話，冰會凍結在節流閥板及文托利管上，逐漸堵塞通氣口，使得空氣進不到引擎內。即使只有少量的化油器積冰也會造成動力降低或引擎運作不良的結果，就算外面天氣是艷陽高照而溫度高達33°C，只要相對濕度超過50%就可能會造成化油器積冰。

• 高冰水含量（**high ice water content, HIWC**）

高冰水含量是近來新發現的引擎積冰的另一可能原因。通常冰晶無論大小，即使撞擊在機身上也不會黏住，但在一些強對流雲（濃積雲、積雨雲）裡，其雲頂或砧狀雲裡冰晶的個數濃度可能非常高，而且有許多小冰晶。這些小冰晶可能隨著空氣逸入到引擎內部，由於引擎的高溫使它們融化成為一層薄薄的水分，而這薄層水分會捕捉後面再進來的冰晶，冰晶累積越多，最後會導致引擎運作不良。

第 11 章
雷暴

11.1　簡介

　　雷暴（thunderstorms）就是俗稱的暴風雨，不過「暴風雨」這個詞並沒有包括「雷電」的意涵在內，而雷暴則一定包括雷電現象，所以我們統一以「雷暴」來命名這個現象。雷暴就是由積雨雲所產生的現象，因此積雨雲也被稱為「雷暴雲」（thundercloud）。雷暴除了閃電及打雷之外，大都也有強風和暴雨，有時還會下冰雹。全世界一天之內可能有超過40000個雷暴發生，尤其在熱帶與溫帶地區；而每個地方的雷暴特性會有所不同，強度也有差別。雷暴對飛航絕對是一大障礙：它們常常很高，高到使得許多飛機無法飛越他們；它們也通常十分危險，讓飛機不敢穿越它們，也不敢直接飛在它們底下；而它們又往往非常龐大，讓飛機無法繞道規避它們。雷暴裡有幾乎所有對飛航安全具重大危害的現象：側風、風切、亂流、下爆流、積冰、雷電、低能見度、大雨、冰雹等，可以說，雷暴的存在是飛航安全最大的噩夢。

　　雷暴總是發生在一個不穩定的空氣裡，而這個空氣裡面要有足夠的水氣，當他們凝結時會放出大量潛熱提供雷暴成長的能量。幾乎所有的雷暴都發生在條件性不穩定（見第7章7.6節）的大氣條件下，經常的情況是，低層對未飽和氣塊穩定，而高層對飽和氣塊不穩定，只有當氣塊能上升到不穩定層，大量的潛熱才能被釋放出來（參考圖7.6）。但氣塊要如何才會上升？在低層的未飽和氣塊尚處於穩定氣層中的時候，它是不會自動上升的，但如果有外力的抬升作用時，就有機會上升了。所以除了（1）豐沛的水氣及（2）不穩定的空氣外，雷暴的發生還需要（3）一個抬升機制，這三個條件乃是雷暴生成的必要（但非充分）條件。

　　抬升機制的例子諸如：地面低壓中心及低壓槽的輻合（會迫使氣流上升）、鋒面、上坡風、乾線（drylines）、由先前的雷暴產生的**外流邊界**（outflow boundaries）以及一些局地風，例如海風、湖風、陸風、谷風等等。有了一個或

數個（它們可以同時發生）這樣的抬升機制，氣塊才有機會在一個穩定的層次裡被迫抬升，甚至能克服對流抑制能（CIN，見7.6節），上升到自由對流高度（LFC，見7.6節），再往上就無需外力的幫忙，氣塊自己就可產生浮力，打造一場大雷雨的豐功偉業了。

11.2　雷雨胞的生命週期

　　雷暴系統因為其強烈的對流、劇烈的天氣情況以及本質上的危險性，而成為一種不容易直接觀測的大氣系統。人們第一次真正對它們做有系統的觀測，是美國在二次大戰剛結束的1945年開始所進行的「雷暴計畫」（Thunderstorm Project），主持人是芝加哥大學的拜爾斯（Horace Byers）教授。[79] 這個計畫首次系統性地研究了雷暴內部的物理參數，最特別的是動用了最多時達5架的P-61戰鬥機（綽號「黑寡婦」〔Black Widow〕）直接飛進雷暴雲裡進行觀測（圖11.1），其研究成果也基本上奠定了現代航空氣象學的基礎。

圖11.1　1947年在俄亥俄州進行的雷暴計畫所用的P-61飛機

資料來源：NOAA.

　　這次觀測的重要成果之一就是釐清了一個雷雨胞（thunderstorm cell）的生命週期，研究顯示，一個單一的雷雨胞的生命週期可以分為三個階段（圖11.2）。

79　拜爾斯（Horace Byers, 1906-1998），美國氣象學家，芝加哥大學氣象學教授，航空氣象學的先驅者，雷暴研究計畫主持人。

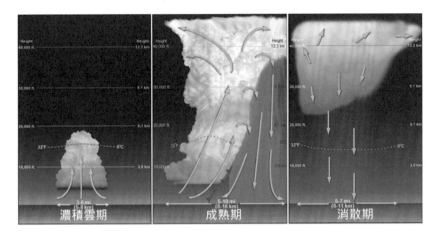

圖11.2　單一的雷雨胞的生命週期

資料來源：據NOAA原圖重繪。

▶ 11.2.1　濃積雲期（towering cumulus stage）

濃積雲是成長成為一個真正的雷雨胞的初始階段，這代表大氣裡有足夠的水氣，以及不穩定性來支持一個強對流雲的成長。這個階段的特徵是，雲裡幾乎都是上升氣流，雲內部中間的上升氣流最強，溫度也比周遭要暖些，而靠近邊緣的部分上升氣流較弱，溫度也稍低。最大上升氣流速度可達每分鐘3000呎（約15 m/s），雲頂溫度可以遠低於0°C，雲頂高度可以超過5公里。

▶ 11.2.2　成熟期（mature stage）

這個階段是雷暴最猛烈的階段，此時雲裡的氣流既有上升氣流，也有下沉氣流（所以雲裡風切會非常大）。這時的降水（豪雨、冰雹）也會降落到地面，這些大降水粒子同時也會把周遭（較冷的）空氣帶下來，形成一股強烈下沉的冷氣流。當它碰觸到地面時，這一團冷氣（被稱為冷氣池，cold pool）會輻散開來，成為一片冷外流區，形同一個局部的高壓區，被稱為中尺度高壓（mesohigh），而其前進的外流前緣就像是一個冷鋒，風速可高達50-60 kts，被稱為**陣風鋒面**（gust front）。這麼強的挺進速度會迫使它前面的空氣迅速抬升，是個頗強的抬升機制，其強度甚至可在這裡造成新的雷雨胞出來。此時雲頂通常達到對流層頂，也可能突過對流層頂而成為過衝雲頂（參見7.5.2節及圖8.20）。在中緯度，

雲頂常有強風，會造成很長的砧狀雲，有時可長達幾百公里。

　　有些雷暴系統由於有中度風切，雷暴雲會稍微傾斜，上升氣流與下沉氣流兩者不會互相干涉抵消，反而是相輔相成，這種雷暴會存活較久。反之，缺乏適當風切的雷暴，在成熟期產生的大量降水會造成強烈沉降氣流直接堵塞上升氣流的通路，結果會使得雷暴的生命期較短。

▶ 11.2.3　消散期（dissipation stage）

　　消散期是一個雷雨胞生命的終結，在這個階段，上升氣流在胞內基本上消失，絕大部分都是下沉氣流，這些下沉氣流會切斷了上升氣流進到雷雨胞內的通路，使得含有水氣的不穩定空氣無法進到胞內，降水逐漸減弱，終至完全停止。下沉空氣因被絕熱壓縮而增溫，也會使得殘雲逐漸從低層開始蒸發消散，只有高空的砧狀雲（大都是卷雲）因溫度冷蒸發慢而殘存天際。

11.3　雷暴型態

　　上述的雷暴生命週期是針對一個單一雷雨胞而言的，但是雷雨胞還有別的型態，在此詳述。

▶ 11.3.1　單胞雷暴（single cell thunderstorm）

　　單胞雷暴基本上就如上述。這種單胞雷暴其實不常發生，夏季的午後雷陣雨就有這種類型。像這樣的雷雨胞，其生命期約20-30分鐘，其核心的範圍不過幾公里，所以對飛航安全的威脅並不大，駕駛員應很容易就可規避它們。絕大多數的雷暴是下面要敘述的多胞雷暴。

▶ 11.3.2　多胞雷暴（multicell thunderstorm）

　　多胞雷暴，顧名思義，就是有好幾個雷雨胞一起發生，但每個雷雨胞的生命階段卻不同。多胞雷暴又有兩種副型，一種叫多胞叢集雷暴（multicell cluster thunderstorm）（圖11.3），另一種叫做多胞線雷暴（multicell line thunderstorm）（圖11.4）。

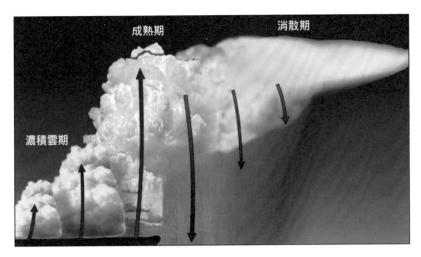

成熟期　　　　消散期

濃積雲期

圖11.3　多胞叢集雷暴

資料來源：據NOAA原圖重繪。

在圖11.3中我們看到的是，雷雨胞的三個生命階段同時出現在一個地點。最左邊是一朵中等大小的積雲，而它的右邊是一朵濃積雲，正處於雷暴的初生階段；在這多濃積雲的右邊是一個正處於成熟期的雷暴，有明顯的過衝雲頂，並且同時有上升氣流與下沉氣流；而最右邊則是一個消散中的雷雨胞，還在稀稀落落地下著雨，但最終只會剩下一些卷雲。只要水氣來源充足，這些雷雨胞會一邊有老雷雨胞消散掉，而一邊又有新的雷雨胞不斷地產生。一個地區很可能有好幾組的多胞叢集雷暴產生，使得它們盤踞一個地點長達好幾個小時，範圍也遠比單胞雷暴大得多，所以要規避雷暴區就比較困難了，無疑是對飛航安全的重大威脅。

圖11.4是多胞線雷暴的示意圖，是多胞雷暴的另一種型式，與叢集雷暴的散布方式不同，這種線雷暴是很多雷雨胞排成一條線，稱為颮線（squall line），長度可以綿延數百公里。這種雷雨胞型態的結構通常是初生雷雨胞出現在整個雷雨團行動的最前端，強度很快就達到強烈雷雨，傾盆大雨和冰雹衝擊地面，產生冷池外流區向前推進。它們的後面則是較老的雷雨胞，下著中雨及小雨；外流區的前端就是陣風鋒面。這些排成排的雷雨胞大小不等，有的甚至可以是下一節要談的超大胞雷暴。這些雷暴既高而廣度又可能長達幾百公里，飛機既不可能輕易飛越，也很難繞過，對飛航而言風險非常大。

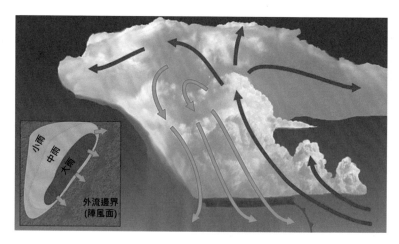

小雨
中雨
大雨
外流邊界
(陣風面)

圖11.4　多胞線雷暴

資料來源：據NOAA原圖重繪。

▶ 11.3.3　超大胞雷暴（supercell thunderstorm）

　　超大胞雷暴可能是三種雷暴類型裡對飛航安全威脅最大的一種（圖11.5）。它是一個單一的個體，這與多胞雷暴之不同個體之特徵不同，但又比單胞雷暴要巨大得多。雷暴核心部分的水平尺度可以超過10 km以上，環流影響範圍超過幾十公里，飛機飛行想要規避它非常困難。砧狀雲在有適當高空風切的狀況下可以延伸幾百公里，通常是在一個極不穩定的大氣環境裡產生的，其對流可用位能（CAPE）常常是3000 J/kg以上。[80] 最特殊的是，它有明顯的旋轉上升氣流，像一個迷你型的氣旋，被稱為中尺度氣旋（mesocyclone）。超大胞雷暴中的環流是一種相輔相成式的結構，雷暴有適當的風切使得它有適度的傾斜，這會令上升氣流的主核心與下沉氣流的主核心不會互相抵消，反而這樣的環流讓超大胞可以持續進行，稱為一個準穩定態（quasi-steady state）的雷暴，往往可以持續好幾個小時以上。

80　但是有些雷暴的CAPE雖不大，也許2000 J/kg以下，但也可能造成許多傷害，所以不能只拿一個標準數來判定。

圖11.5　超大胞雷暴的結構

資料來源：據NOAA/FAA原圖重繪。

　　超大胞雷暴內的最高上升氣流速度可以超過每分鐘9000呎（約100 kts或50 m/s），這是非常可怕的速度了。他們也常生產出大冰雹（超過2吋或5公分直徑）、強陣風、大豪雨；約有25%的超大胞雷暴會產生龍捲風，而龍捲風是一種絕對的危害，不止是對飛航而言了。

11.4　雷暴的移動

　　雷暴不是固定在一個地方，而是會移動的。但是雷暴也不是一個固體的東西，它只是一團極其擾動的空氣，其中水分經過種種物理過程形成了積雨雲。積雨雲看似一座外觀固定的「東西」，其實它也只是一個過程——舊的部分一直在消散，而新的部分一直在其旁邊形成，只是新形成的積雨雲和剛消逝的那朵外觀類似，於是給人們一種錯覺，覺得積雨雲好像從A地移到B地，實際上真正是那團擾動的能量以及型式移動過去而已。

　　但了解雷暴系統的移動對天氣預報及飛航非常重要，畢竟我們想要知道，再來幾個小時雷暴會移到哪個地點，以便做出適當的飛行計畫。雷暴系統的移動速度是兩個過程的總和：一是**平流**（advection），二是**傳播**（propagation）。平流指的是各層風的流動，而傳播指的是擾動的自行運動速度——舊雷雨胞消散而新雷雨胞形成造成的位移速度（圖11.6）。總的結果是，雷暴的移動速度大致上符

合中層大氣的風速,而中層大氣指的是500 hPa層次(即FL180)。不過雷暴系統往往不是一個單體,尤其像多胞雷暴,整體運動也許可用500 hPa風速來預測,個別雷雨胞的運動卻可能很不一樣。

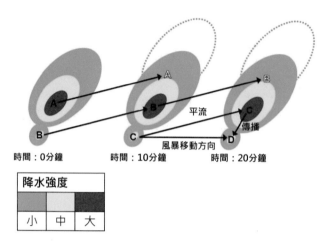

圖11.6 雷暴系統的移動

資料來源:據NOAA原圖重繪。

11.5　雷暴的危害

上面提過,雷暴是飛航安全的大噩夢,因為雷暴裡有幾乎所有危害飛航安全的天氣現象,以下將一一剖析。

▶ 11.5.1 閃電

雷暴和一般的暴風雨的區別在於雷暴依照定義是必須要有閃電和雷鳴現象才算,而一般暴風雨則無此限制。其中雷鳴其實只是配角,是因閃電對空氣的急劇加熱膨脹和壓縮而產生的聲波,也許對人們有些震撼作用,可是對航空器幾乎毫無影響,所以在此不討論雷鳴,真正的主角是閃電。

閃電是一種大氣裡的放電現象,而放電是因為空間的某處有超過臨界點的強電場出現後才會發生的。但強電場是如何產生的?主要是兩個地點各自累積了非常大量但符號相反的電荷,一邊是很多的正電荷,一邊是很多的負電荷,只要這

兩邊繼續被空氣的絕緣作用隔絕，則電荷累積越多，電場也越來越強。當兩個點之間的電場強度大到大氣的絕緣作用無法再隔絕這兩點之間的電荷時，電場就崩潰了，而放電——即是閃電——就發生了。強電場若是發生在一朵雲裡面，則我們會看到雲內閃電（intracloud discharge, IC，最常發生）；若是在雲和地面之間，則我們會看到雲對地閃電（cloud- to-ground discharge, CG）；若是在兩朵雲之間，則我們會看到雲對雲閃電（cloud-to- cloud discharge, CC）。另外還有雲對空閃電（cloud-to-space discharge），但和本章相關較小，等到第15章再來討論。

閃電一次產生的電流可以高達30000 amps（安培），很多人可能會認為飛機若被閃電擊中，機艙內的人會遭到強烈的電擊，其實是幾乎不會發生的事，因為飛機外殼基本上是金屬做成的，而金屬是個良好的導電體。根據電磁學的常識，電流打到導電體外面時，電流只會在外殼流通但不會進入導電體內部，所以飛機內的人是安全的。金屬外殼做成的容器叫做**法拉第籠**（Faraday Cage），金屬外殼的飛機、汽車、火車均屬於法拉第籠，在雷雨時遭閃電打中基本上是沒事的。

但是閃電加熱溫度可高達20000°C，所以它們有可能在飛機體上燒個小洞。飛機機頭的雷達罩通常是複合材料做的（以避免反射飛機自己發射出的雷達波），有時會被閃電擊中而損壞。但罩上常安裝有金屬避雷條，閃電通常會擊中避雷條而將電到網機身外殼，因而一般沒有大損害。

倒是閃電會產生電磁雜音，干擾電子通訊。閃電的閃光很亮，如果在飛機附近發生，駕駛員的眼睛可能會被強光眩目而暫時看不清周遭，要過一陣子才能恢復視覺，導致無法做目視或儀器導航；強烈閃電也有可能引起磁羅盤永久損壞。也有人認為，閃電可能點燃料蒸汽而引起爆炸，不過這似乎可能性不大。

▶ 11.5.2　有害風況

整個雷暴涵蓋的區域都可能會有有害風況存在：側風、陣風、風向不定、風向突變等全都可能發生。沿著陣風鋒面及緊接著鋒面後面的區域是一個風況可能突變的區域，對飛機的起飛降落都有重大風險。

圖11.7是一幀用作者研究小組所研發的雷暴數值電腦模式WISCDYMM，所模擬的一個超大胞雷暴在成熟期的準穩定態時的垂直氣流的垂直剖面圖。紅色與

黃色代表上升氣流，而藍色代表下沉氣流。從圖中可見，雷暴的上部是垂直氣流最強區，上升氣流核心約位於10 km高度，最大上升氣流超過60 m/s；而在雲頂周遭則有強烈沉降氣流（藍色區），速度超過20 m/s。這是由於大氣是一個連續的流體，在這種流體中，如果有的地方上升，就必須有別的地方有下降的運動。而雷暴雲頂的下沉運動可以看作是強烈上升氣流的「補償性下沉」運動，可以想像，這種近距離內突然改變的上升及下沉氣流區對飛航是非常危險的區域，不慎闖入的話，飛機將失控。而在近地面x~55 km處也有一處沉降氣流區，那是和降雨相關的，都是起飛與降落時有風險的地方。有時雷暴雲過後，這股沉降氣流仍在，嚴重時就會變成下爆流（見下節討論），必須特別小心。

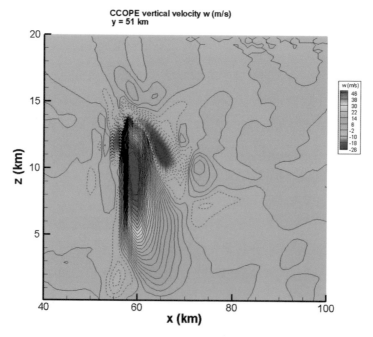

圖11.7　數值雷暴模式WISCDYMM所模擬的一個美國中西部的超大胞雷暴的垂直風速剖面圖，基本上符合觀測資料。最大上升氣流超過60 m/s，而最大沉降氣流超過30 m/s。

▶ 11.5.3　下爆流（downburst）

　　下爆流是1980年代發現的現象[81]，主要的發現人是藤田哲也。[82] 他檢查了一些過往被認為是龍捲風蹂躪過的災區，特別是一些樹林區樹木倒塌的狀況，發現這些樹倒塌的方向是向外做直線輻射狀的倒塌型式，而不是像龍捲風應有的漩渦倒塌型式（因為龍捲風是做漩渦狀旋轉的），所以他斷定這些損害應該是被空中有一個類似大規模的「**重物**」從上而下壓垮這片樹林。後來的研究指出，這個「重物」最可能就是雷暴中冷而重的空氣急速下沉造成的效應。由於空氣是個連續的流體，這麼強的下沉氣流衝擊到地面，一定會造成地面向四面輻射吹出的強風，常超過18 m/s，有時可達50 m/s，而那些樹木就是被這樣的強風吹倒的（圖11.8）。

圖11.8　下爆流示意圖

資料來源：NASA.

81　Fujita, T. Theodore (1985). "The Downburst, Microburst and Macroburst." SMRP Research Paper 210, 122 pp.

82　藤田哲也（Tetsuya Theodore Fujita, 1920-1998），日裔美籍氣象學家，芝加哥大學氣象學教授，以研究極端強烈風暴，特別是雷暴與龍捲風而聞名。

為什麼雷暴中會有冷而重的空氣？它是和雷暴的沉降氣流息息相關的一種現象。雷暴在成熟階段本來就有下沉氣流，但有的雷暴的下沉氣流特別強。冷空氣的來源有二：一是由於大降水粒子（大雨滴、大冰雹）的極高的落速（在雲中可達每秒十幾到四十幾公尺）會把高空的冷空氣拖曳到低層與地面，另一來源就是當這些大降水粒子落經一層未飽和空氣時（雲底常常是未飽和，甚至頗為乾燥——尤其是在雷暴的消散期），急速的蒸發會吸收大量的熱量，使得它們周遭的空氣急速冷卻，變成冷而重的空氣往下急沉，就造成了下爆流，而這團冷空氣一接觸地面就會向四面八方輻射散出（圖11.9）。

 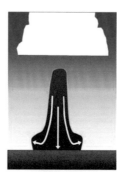 

形成-蒸發和　　　　　影響-下降氣　　　　消散-下降氣
降水阻力形成　　　　流迅速加速並　　　流遠離撞擊點
下沉氣流　　　　　　撞擊地面

圖11.9　下爆流的發生原理

資料來源：據FAA原圖重繪。

下爆流有**乾下爆流**（dry downburst）與**濕下爆流**（wet downburst）兩種。濕下爆流發生時，目視可見大降水粒子（大雨、冰雹）造成的降水柱衝擊地面，這是當雷暴雲裡降水粒子濃度高而通常雲底也較低的情況下發生的。而乾下爆流則通常出現於雲底比較高的雷暴雲情況，冷空氣下沉是看不見的，所以不容易被注意到。乾下爆流也可能在雷暴剛過，似乎天空中並沒有雷雨雲的情況下發生。下爆流影響範圍在4 km內的叫做微爆流（microbursts），在4 km以上的叫**巨爆流**（macrobursts）。微爆流雖然範圍較小，但強度卻往往是更強烈，因此更為危險；下爆流的時間長度可從10分鐘到1個小時左右。下爆流對飛航安全的影響非常大，特別是在起飛降落階段，其中降落階段為最（圖11.10）。

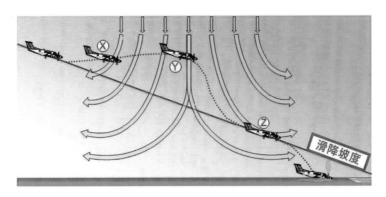

圖11.10　在下爆流區進行降落的飛機可能遭遇的風險說明圖

資料來源：據FAA原圖重繪。

圖11.10中的紅直線是飛機要降落時正常的滑降坡度（glideslope），在有微爆流的情況下，飛機進場時在X點會遇到強烈的微爆流頂風，使得飛機飄升到遠高於正常坡度。但到了Y點（微爆流中心點），飛機會開始遇到下沉氣流，使得飛機陡降到Z點，而在Z點微爆流向外流出的水平風速增強，飛機在此會遭遇突然增強的尾風，就有可能失速墜毀。

一旦落入微爆流陷阱，飛機在這麼低的空域想要拉回高度非常困難，駕駛員無疑地必須注意任何可能產生下爆流的跡象，特別是有雷暴的天氣。即使雷暴看似已經過去也不應大意，因為看似已經雨散雲收的天空也可能產生看不見的乾下爆流。

▶ 11.5.4　亂流

雷暴裡到處都有亂流，而且往往非常強烈。亂流強烈的**陣風負載**（gust load）可能導致飛機在**機動速率**（maneuvering speed）時失速，或在巡航速率時損害機身結構。最強烈的亂流發生在上升氣流與下沉氣流的風切處（見圖11.7雲頂部分，高度10-13 km處）。因此，雷暴的雲頂內部是亂流的最強烈區，為任何飛行器必須盡量避免進入的航區。

但是亂流並不限於雷暴雲內部，在雷暴雲外也有很多亂流區，尤其是在雲頂上空數千呎高空就常常有亂流區，這些亂流區是由於雷暴的對流所激起的內部重

力波（internal gravity waves）碎波（wave breaking）時造成的[83]（圖11.11）。這些亂流發生在雷暴雲外的平流層裡，所以肉眼是看不見的，屬於晴空亂流；它們並非停留在同一地方，而是會往外傳播出去，在好幾十公里外的高空都可能遭遇這些晴空亂流。所以平流層雖然是個穩定層，那只是說在那裡不會有系統性的對流運動，然而亂流卻可能在這層發生。

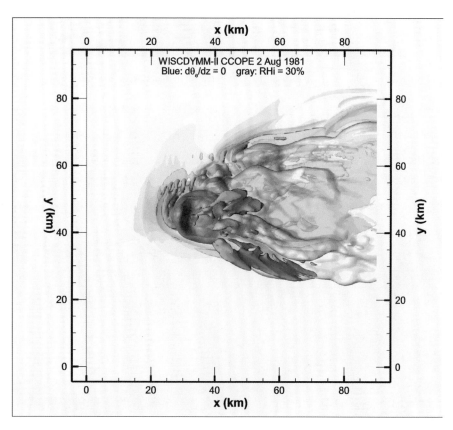

圖11.11　數值雷暴模式WISCDYMM所模擬的雷暴雲頂上的藍色碎波區（晴空亂流容易發生的地方）

83　參見Wang, P. K. (2003). "Moisture Plumes above Thunderstorm Anvils and Their Contributions to Cross Tropopause Transport of Water Vapor in Midlatitudes." *J. Geophys. Res.*, 108(D6). Doi: 10.1029/2003JD002581

　　以前提過的**陣風鋒面**是雷暴強烈下沉氣流的前緣，它們的快速推進常會造成在其前面的暖空氣被推而抬升，因此陣風鋒面與其周遭也是強烈的風切區，因而也是一個亂流很強的地方，所以飛機駕駛員也須注意陣風鋒面位置。鋒面所在地面位置常會出現沙塵或碎片飛揚的現象，如果是水面的話，可能會濺起一些水花。有些強烈雷暴前端的陣風鋒面會把暖濕空氣抬上低空，形成一道弧狀雲（arcus，也叫櫥架雲shelf cloud，它們通常是水平長排狀，像是衣櫥架）（圖11.12），這個看起來模樣可怕的雲的確也預告隨它而來的劇烈天氣，有時龍捲風就在這種雲裡發生。

圖11.12　雷暴系統前緣的弧狀雲

資料來源：NOAA.

▶ 11.5.5　積冰

　　雷暴裡有大量的過冷水滴，所以航空器穿越積雨雲遭遇積冰現象的機遇率非常高。在一般狀況下，過冷水滴在0°C到-15°C之間發生率最高，若比這更冷則水凍結為冰的機率就越高，因此過冷水反而會比較少。但在有急速上升氣流的部位，很多水滴被很快送到遠低於-15°C的高空仍然不會凍結，甚至可以一直過冷到-40°C。這個急速上升區在雷達顯示上看起來像是個「**空洞**」（vault）區，因為粒子很小，不太產生雷達回波。這個雷達回波空洞無物，卻是個危險區，關於

這一點見下一章雷達的討論。

　　雷暴裡產生雨淞積冰的機率很大，因為過冷水滴區域廣大，特別是在0°C到-15°C之間。在多胞雷暴的情況下，飛機穿過好幾個雷雨胞，積冰重複發生的頻率很高，豐沛的過冷水量會使得在雷暴雲裡積冰的情況非常嚴重。

▶ 11.5.6　冰雹

　　冰雹也是雷暴的「特產」之一，強烈的上升氣流和豐沛的過冷水就是產生大冰雹的必要條件。我們在第8章已經敘述過冰雹的成長過程——冰晶不斷地與過冷水滴碰撞的結淞過程，先長成霰粒子，再繼續增長變成冰雹。雷暴中的上升氣流越強，越能支持大粒子繼續在高空中和過冷水滴結淞，結果造成大冰雹，所以從觀測到大冰雹的尺寸及個數濃度就可推知。而產生1吋以上之大冰雹為美國海洋大氣總署（NOAA）劇烈風暴的三條件之一[84]（圖11.13）。

圖11.13　迄今發現最大的冰雹，於2010年7月23日降落在美國南達科達州，直徑幾達8吋（~20 cm），重量約0.88kg。

資料來源：David Hintz/NOAA.

84　美國國家海洋大氣總署（NOAA）劇烈風暴（severe storm，注意不是強烈雷暴）定義的三個條件是：
　　（1）超過58 mph（約26 m/s或50 kts）的陣風，（2）產生超過1吋（~2.5 cm）直徑的大冰雹，（3）產生龍捲風。符合這三者之一都可算是劇烈風暴。

　　對飛機而言，撞上超過3/4吋大小的冰雹就會對飛機造成相當損害而難以控制；然而雷暴雲裡的冰雹分布範圍相當廣泛，因此飛機應盡量避免飛入這樣的雲裡。在一個典型的雷暴雲裡，冰雹最集中分布在上半部，但其水平範圍可以遠離雷暴的核心部分。含有大冰雹的雷暴最常發生於中緯度大陸的內陸地區，主要是大陸性氣團的對流強度通常大於海洋性氣團，在海洋性氣團裡產生的雷暴，上升氣流較弱，大冰雹較少。

　　冰雹在地面上的衝擊範圍從幾英畝大小到10哩寬，上百公里長的帶狀都有可能；在美國，大型雹災一次對農作物的損害可達十億美元的規模。

▶ 11.5.7　雷暴模式

　　由於直接進行雷暴的現場觀測具有很大的風險，我們要如何去了解雷暴的內在結構？一個可行的代替辦法是利用雷暴數值模式。這是把大氣的運動規律及雷暴雲的各項物理過程用數學式子（許多是偏微分方程式，另外是一些代數式子）作成一個彼此互聯的電腦模式，而電腦利用數值方法來求得雷暴在某個時間點及某個地點應有的物理特性的解（例如風速、風向應該如何？多少水滴、冰晶、冰雹？溫度多高？濕度多大？等等）。把這些數值解用電腦繪成圖，可以讓我們了解雷暴構造隨著時間的變化，也讓我們知道該如何去規避雷暴的危險區。

　　圖11.14是一個雷暴數值模式模擬出來的一個特定的超大胞雷暴在某個時間點的結構，這個雷暴的成熟期近乎穩定狀態，所以結構變化不大。圖中標示的一些前面提到過的飛航危險類型區域是很典型的案例，所有雷暴大致皆是如此。

　　在這個案例中，環境風場主要是西風（由左吹至右），圖中的淡灰色區是RHi（相對於冰面的相對濕度）80%的等值面，我們用它來代表雷暴的外觀表面所在。雷暴最高點是過衝雲頂，在圖中可以看到，在雲頂部分有嚴重亂流區，在過衝雲頂兩邊都很嚴重，因為這裡有強烈的上升氣流和下沉氣流，升降之間的風切非常大。過衝雲頂的右邊（下游區）是一個重力波的碎波發生區，而碎波是產生亂流的一大機制；雲頂之上的空域是晴空亂流有高機率發生的所在。

　　在凝結物方面，可以看到在雲內部靠近頂端處（深藍色區）是冰雹發生的核心區，飛機在此處撞擊大量大冰雹的機率非常大。雷暴中冰雹範圍分布很廣，因此碰上機率非常大；雷暴中段則是積冰與冰雹的風險並存，因為在0°C等溫線之

上的黃色部分是較高濃度的過冷水滴區域，積冰風險較大。

　　雲下部的綠色區是降雨區，也是可能的下爆流區。圖中可見，飛機如果從左邊進場打算降落，還未進到降雨區就有可能遭遇強下沉氣流。在雲底右邊低空也有一個亂流區，那是產生弧狀雲及檻架雲的地方。

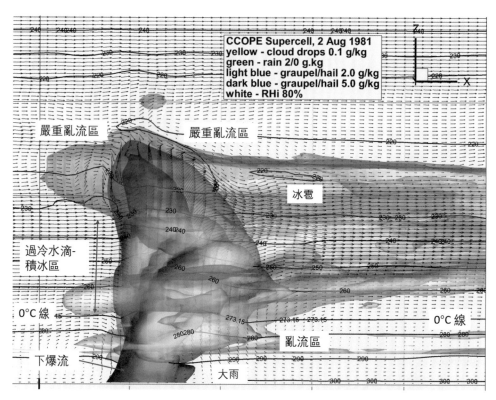

圖11.14　WISCDYMM模式所模擬的雷暴系統的一些飛航危險區

說明：灰色區代表冰面相對濕度80%等值面，大致符合雷暴雲的目視外表。黑色等值線代表等溫線（單位K），綠色是降雨區（也是下爆流可能產生處），黃色是雲滴區，而淺藍及深藍是冰雹區（分別為2.0及5.0 g/kg的等值面）；注意較低層的藍色區被包在黃色區內看不見，其實冰雹在低層就有。

▶ 11.5.8　高度計急變

　　雷暴是一種高度不穩定性的大氣中的現象，這種現象常伴隨著急劇的氣壓改變。雷暴接近時，氣壓通常會很快降低，而等到陣風鋒面過後，氣壓又急劇升

高，並伴隨著大雨，這就是我們之前提過的沉降氣流造成的「冷池」所形成的中尺度高壓。然後，風暴過去，雨散雲收，包含氣壓在內一切又回歸正常。這樣的氣壓變化週期可以在15分鐘左右完成，可以想見，利用氣壓來測量高度的氣壓高度計在這種環境裡測到的高度一定也是急劇的變化。

另外值得一提的是，平常日子裡的大氣是符合流體靜力平衡狀態的，所以大氣氣壓幾乎是隨著高度做指數式的遞減，這是所謂的氣壓計原理（見2.6節）。然而在雷暴發生時，雷暴系統內有不小的氣壓波動，使得這裡的大氣不太符合氣壓計原理，因而高度計會以此原因也產生誤差。

▶ **11.5.9**　**靜電**（static electricity）

雷暴的招牌之一就是會有雷電現象，除了大規模的放電現象——閃電——之外，還有一些較小尺度的放電現象也會發生，靜電產生的干擾就是其中之一。雷暴發生時，雲裡及周遭都藏有比平日高的電場產生，這樣高的電場在發生閃電之前，還可能發生一種**電暈放電**（corona discharge）的現象，通常出現在金屬的尖端和飛機機身的末端點。

飛機飛過雲裡，會接觸雲裡一些帶電的雲或降水粒子，這些電荷會累積在機身上，等到電荷量夠大時，機身會放電到周遭物質表面或者空氣裡，就是電暈放電了。在夜間人們有時可以看到放電處有一團藍紫色的光，它們會干擾無線電通訊，在通訊裡產生低頻噪音，稱為**靜電干擾**（statics）。除此之外，它們通常是完全無害的。古代在地中海航行的船員們也曾在暴風雨的夜晚觀察到在帆船桅杆頂端有時會放出這種藍紫色的光，他們將它取名為「**聖愛摩火**」（St. Elmo's Fire），同樣也是這種電暈放電現象。

▶ **11.5.10**　**龍捲風**（tornado）

龍捲風是地球上最可怕最暴烈的旋風，而它們幾乎都是伴隨著劇烈雷暴產生的。它們最常見的形狀就是漏斗形的雲（圖11.15），從積雨雲的底部接到地面上。

圖11.15　龍捲風

資料來源：NOAA.

　　漏斗雲有時會是細長的管狀結構，有時候會彎曲，有時甚至不連續，也有時候會不見漏斗雲，但地面很明顯地捲起一堆沙塵。在水面上發生的龍捲風稱為**水龍捲**（water spouts），通常水龍捲的強度不如陸地上的龍捲風，不過飛行器對任何氣流擾動都十分敏感，是故遭遇到的話仍然不可掉以輕心。

　　世界上很多地方都可能有龍捲風，台灣偶爾也有但較不常見。全世界龍捲風頻率最高、強度最強的地方就是美國中部從南方的墨西哥灣沿岸（密西西比、路易士安娜、德克薩斯）向北通過奧克拉荷馬、堪薩斯、密蘇里、伊利諾等州直到中西部的內布拉斯加、明尼蘇達、威斯康辛等州。沿著德—奧—堪—內幾州連成的一帶還被稱為**龍捲風巷**（tornado alley），是龍捲風發生的中心地帶。其主要成因是這裡獨特的地理氣候條件——春夏有暖濕的氣團從墨西哥灣北上，在這一帶與北方的乾冷空氣相遇。下層暖濕而上層乾冷就是造成強烈雷暴的良好條件，加上北美山脈（美東的阿帕拉契山和美西的洛磯山）主要是南北走向，氣團的南北運動暢通無阻，而龍捲風就是在這些雷暴裡產生的。

　　龍捲風中心是極低的氣壓，但到底多低至今尚未有正確的儀器記錄，因為氣壓計被龍捲風中心掃過都無法倖存。但從龍捲風估計的風速使我們了解，龍捲風中心氣壓應比它周遭環境要低約100 hPa左右，而這個改變可能是在短短幾百米之內發生的，可見氣壓梯度（因而風速）也就非常大。龍捲風在雷暴裡產生，雷暴環境常是低氣壓天氣。假如雷暴的低氣壓是925 hPa，則龍捲風中心氣壓約為

825 hPa。龍捲風風速通常靠近中心的風速最大，前述的藤田哲也也是美國龍捲風研究的最著名科學家，他鑑於龍捲風風速無法直接測定（因為風速計在龍捲風中都被損壞），所以他從人為建物（房屋、電桿、廣告板、汽車等）及自然環境（特別是林木）被龍捲風損壞的程度來估計風速，而設計了**藤田龍捲風等級**（Fujita Scale, F Scale），其後美國氣象局稍加修改，稱為**加強版藤田等級**（Enhanced Fujita Scale, EF Scale）（表11.1），並於2007年2月1日開始正式採用。

表11.1 龍捲風加強版藤田等級相對應的風速及損害程度

EF級數	等級	風速		敘述	相對發生頻率
		mph	Km/h		
EF-0	弱	65-85	105-137	輕微的損害	53.5%
EF-1	弱	86-110	138-177	中等的損害	31.6%
EF-2	強	111-135	178-217	可觀的損害	10.7%
EF-3	強	136-165	218-266	嚴重的損害	3.4%
EF-4	劇烈	166-200	267-322	極端的損害	0.7%
EF-5	劇烈	>200	>322	無法想像的損害	<0.1%

說明：1.加強藤田等級是一組估計風所造成的損壞值（不是量測值），風速與METAR/SPECI表面量測的風是不同的。
　　　2.沒有造成損害的龍捲風，如空曠地面上的龍捲風，會被評為EF-0。
資料來源：NOAA.

　　龍捲風的範圍並不大，通常在1 km之內，小的只有幾十公尺寬，移動路徑也是大約幾公里。當然有些例外的大龍捲超過幾公里寬，移動路徑超過100 km的，但較少發生。它們通常只連續了幾分鐘就消失，但也有長達90分鐘的。在同一雷暴中也可能出現幾個龍捲風，通常是一個消失，另外一個又在稍微不同地點出現，偶然也有兩個龍捲同時出現的。

　　超過80%的美國龍捲風都在超大胞雷暴中發生，如果有好幾個龍捲風在一個特定的大尺度天氣系統（例如所謂的中尺度對流複合體，Mesoscale Convective Complex, MCC）裡發生，我們就稱之為「龍捲爆發」（tornado outbreak）。

　　曾有觀測指出，在許多強烈的龍捲風的個案中龍捲的漩渦可以上達雷暴雲頂，而誤入龍捲風區的飛機幾乎只有墜毀的一種命運。

第 12 章
氣象雷達

12.1　簡介

　　氣象雷達已經成為現代獲取即時氣象資訊的重要工具。氣象雷達可以偵測到人眼無法看到的遙遠距離之外的天氣現象，例如幾百公里外的颱風，並且用不同波段的電波可以透視一些雷暴雲的內部，讓我們了解一些雷暴的結構；督卜勒雷達更能讓我們能直接量出天氣系統中的風速。

　　另一項氣象觀測工具是氣象衛星，是比氣象雷達更晚出的發明，由於它們在高空的軌道上環繞地球，因此視野十分寬廣，地球同步衛星更是能縱觀全球，並將天氣系統的動態連續成影片，使我們進一步了解廣大空間範圍裡的天氣的變化，對於今日遍及全球的航空事業提供了不可或缺的資訊。氣象衛星的運作較複雜，而且目前航空界主要還是運用氣象雷達的天氣資料，因此本章只討論氣象雷達。

12.2　氣象雷達原理

　　雷達是radar的音譯，英文原意是Radio Detection and Ranging，意即「無線電偵測與定距」。是在第二次世界大戰前夕發展出來的遠距偵測技術，主要作為軍事用途，但二次大戰後被廣泛運用，其中之一就是用來偵測天氣系統，尤其是具有降水粒子的天氣系統如雷暴、颱風等現象，就是我們此章要討論的氣象雷達。

　　雷達所發射的波是電磁波（往往被簡稱為電波），氣象雷達也有幾種不同類型，有專門觀測雲結構的短波雷達（波長1 mm-1.1 cm，為毫米波範圍，頻率24-110 GHz），有專門觀測高層大氣的長波雷達（波長3 m以上，頻率100 MHz以下），觀測一般天氣系統（氣旋、鋒面、降水等）的雷達波長頻率在這兩者之間。這裡以美國氣象局所用的標準氣象雷達Weather Surveillance Radar-1988

Doppler（WSR-88D）為例來說明其偵測原理。因目的不同，氣象雷達與飛機上所用的雷達也會有所不同。

　　WSR-88D也稱為NEXTRAD，其波長約為10.7 cm，頻率約為2800 MHz（2.8 GHz），此波段稱為S波段（S band）。天氣系統裡的降雨雨滴最大的也只有6-7 mm左右，所以這個波長可以穿透大降水系統（例如雷暴系統），而又能有足夠的回波強度來獲得系統內部的一些資訊，基本規格如表12.1。

表12.1　WSR-88雷達的規格及基本參數

參數名	數值
頻率	2700-3000 MHz (2.7-3.0GHz)
波長（S band）	11.1-10 cm
脈波重複頻率（PRF）	320-1300 Hz
波束寬	0.96° (2.7GHz)-0.88°(3.0GHz)
脈波寬	1.57-4.57 ms
每分鐘轉速（RPM）	3
有效探測距離	460 km（回波）；230 km（督卜勒速度）
雷達直徑	8.54 m (29 ft)
方位角幅度	0°-360°
仰角幅度	-1°~+20°（日常運作）；可至+60°（測試）
功率	750 KW

資料來源：NOAA.

▶ 12.2.1　雷達天線

　　氣象雷達天線大都是拋物面的圓碟形（圖12.1），既能有發射電磁波的功能，也具有接受電磁波的功能；可以做水平迴轉掃描，也能做垂直的仰角掃描。為了保護天線，一般都會把碟形天線安置於一個FRP圓球形的雷達罩內（圖12.2）。

圖12.1　碟型雷達天線

資料來源：NSSL/NOAA.

圖12.2　NOAA的WSR-88D圓形雷達罩

資料來源：NOAA.

▶ 12.2.2　**回散射能量**（backscattered energy）

　　當雷達波射出後，如果碰到物體，就會有部分波的能量被反射（reflection）
回來，由於雷達波是在空氣中進行的，空氣對於電磁波是會有「折射」

（refraction）的作用，我們把波的折射和反射綜合而稱為散射（scattering）。波前進時遇到物體而散射是個很複雜的過程，各個方向都可能有散射，既有前向散射（forward scattering），也會有回向散射（backscattering），側面也同樣會有散射，雷達主要的資訊就是來自回向散射。

理論上來說，空氣也是物體，當然也會產生回向散射，不過對10 cm波長的電磁波而言，空氣散射可以忽略，真正重要的回向散射是當雷達波碰上足夠大的粒子時產生的。在天氣系統裡，這些足夠大的粒子就是降水粒子，例如雨滴、霰、冰雹、大雪片等等。基本過程就如圖12.3所示，雷達天線發射雷達波出去，碰到一個夠大的標的物，產生足夠的回向散射波，被同一台雷達天線接收到。

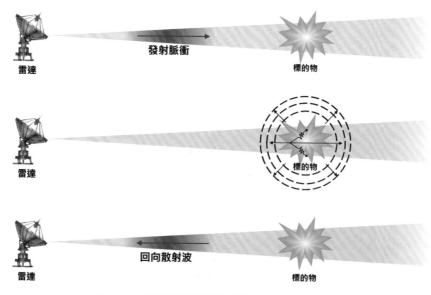

圖12.3　雷達運作原理（據NOAA原圖重繪）

　　一片夠大的雲，尤其是大的對流雲如濃積雲、積雨雲，其中就會有足夠大的降水粒子來產生足夠大能量的回向散射波（簡稱回波），從而被雷達天線接收到。由於雷達波的行進速度我們知道，所以根據雷達波的一個脈衝出發時間及回波被收到的時間我們就可算出該標的物的距離，而且根據回波能量的大小，我們還可以「猜」出該標的物是什麼，這就是雷達的運作原理。

　　但大氣中有很多漂浮的物體，例如沙塵、昆蟲、鳥類、氣團邊界（冷暖氣團

物理性質的急劇變化），以及地上的建築物、林木、地形也都會產生回波，所以氣象雷達的技術很大一部分是要能分別哪些是與天氣有關的，哪些是與天氣無關的，而設法把後者去除掉。所謂「雷達回波」（radar echo）指的就是在雷達顯示器上面看到的回波型式。

▶ 12.2.3　雷達輸出功率（power output）

WSR-88D的輸出功率是750 kW（瓩），這是指雷達每秒鐘發射出去的電磁波的能量，這算是相當大的功率了。輸出功率越大，碰到同樣的一個標的物所散射回來的能量也越大，所以就比較容易偵測到標的物，而且能偵測的距離也越遠。反之，一般飛機上裝置的X-band天氣雷達的最大功率很少超過50 kW，所以很難偵測到一些小標的物，偵測距離也不會太遠。

▶ 12.2.4　波長

如表12.1所示，WSR-88D的波長約是10 cm，而大部分飛機雷達是3 cm。原則上來說，短波長的波的解析度比長波要好，所以表面上似乎指出：飛機上雷達（短波雷達）比較能看得清楚小標的物，但其實還有別的因素需考慮，其一就是在同樣距離內，短波衰減得比長波要快。所以短波雷達波行進了一小段距離之後，能量就減弱的很多；反之，同樣距離，長波的衰減就小得多。

▶ 12.2.5　雷達波的衰減（attenuation）

雷達波發射出去時，是以波束的方式出去的，主要能量集中在一個窄窄的雷達波束（radar beam）裡。波束外當然也會有些能量，不過少得多。在波束裡可能會有些過程會使得雷達波的能量減弱，這就是所謂的衰減。對天氣系統而言，雷達波衰減主要來自降水衰減及距離衰減兩項因素。

12.2.5.1　降水衰減（precipitation attenuation）

當雷達波碰到降水粒子後，有些能量會被粒子吸收，有些會被粒子散射到波束外，這過程被稱為降水衰減（圖12.4）。離雷達近的降水粒子會把波束內的能量吸收或散射掉，結果可能會使得在降水區後面遠處的其他標的物（例如另外一個降水區）的影像就無法在顯示器上面顯現出來。

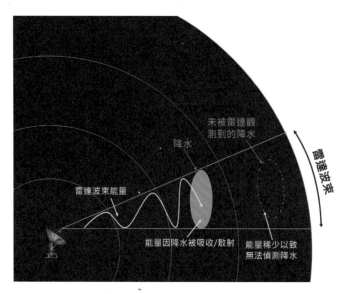

圖12.4　雷達波的降水衰減

資料來源：據FAA原圖重繪。

　　降水衰減雷達波的程度和雷達波的波長有關，波長越短，衰減程度越強。WSR-88D的波長是10 cm，比起絕大多數的降水粒子直徑要大得多，所以衰減程度較小；而飛機上的雷達波長大都是3 cm，衰減就大得多，結果是往往只能看到這些系統的前沿部分，較後面的信號就付諸闕如了（圖12.5）。

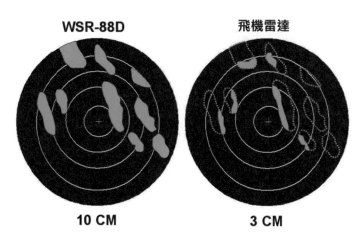

圖12.5　長波（左）與短波（右）雷達對同樣標的物偵測所得的回波

資料來源：據FAA原圖重繪。

12.2.5.2 距離衰減（range attenuation）

WSR-88D發射的電磁波功率是750 kW，意思就是每秒鐘發出的能量是 750×10^3 焦耳（joules, J）的能量，這是個固定值，而這個波束往外傳播時，它張開的面積會越來越大，而總能量卻是固定的，所以單位面積上的能量（即**能量密度**）也就越來越小，這種波的能量密度隨著距離減少的現象就是距離衰減。所以就算雷達波沒有碰上降水粒子或其他能吸收及散射能量的東西，僅僅因為距離越遠，雷達波的能量密度也會減弱。假若此時碰上一個標的物，所傳回的回向散射信號也會較弱；若同樣的標的物在較近的距離，則會送回一個較強的回波，其實是同一種標的物。然而對判讀雷達回波的技術人員而言，最好是同樣的東西有同樣的回波強度，因此為了消除這種距離衰減的作用，WSR-88D會自動做出校正；而飛機上的雷達則只對50-75浬（或稱海浬，nautical mile NM，1 NM=1.852 km）的距離做校正，在此之外的標的物的回波則顯得比它們實際應有的要弱。

12.2.5.3 波束解析度（beam resolution）

解析度指的是雷達分辨在同樣距離但是不同方位角的標的物的能力（圖12.6）。解析度顯然是和波束寬度是直接相關的，在同樣距離的兩個標的物所分開的方位角度必須至少大於波束的寬度才能在雷達顯示器上現出兩個回波。

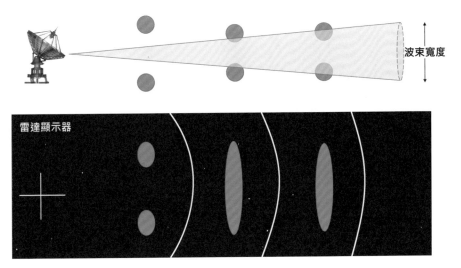

圖12.6　雷達解析度與波束寬度之關係

資料來源：據FAA原圖重繪。

　　圖12.6上圖可看出，在最近的兩個標的物其距離大於波束寬度，因而在波束做方位角掃描後，在雷達顯示器上面可以顯出兩個分開的回波，因為它們的方位角不會重疊。但當雷達波到達第二組的標的物時，波束寬度會同時涵蓋兩個標的物，因而兩個回波就會重疊，所以雷達就無法分辨或解析這兩個標的物了。第三組的標的物更是幾乎完全涵蓋在波束寬度內，雷達無法解析。

　　WSR-88D的波束寬度是0.95°，我們可以用圓弧的公式來求得遠處的兩個標的物必須在方位上相距多遠距離才能被解析出來，即可以波束寬度所張開的弧長來近似量標的物的可解析間距。假設標的物距離雷達是60 NM，則弧長=60NM×0.95°≈1 NM，也就是說，兩個標的物的可解析間距是1 NM；如果兩物距離雷達120 NM，則可解析間距是2 NM，餘此類推。

　　飛機雷達的波束寬度在3-10°之間，所以解析度就比WSR-88D要差。假設寬度是5°，則在60 NM處的兩個標的物必須相隔5.5 NM才能被分別顯示出來，而在120 NM遠處，則約需相隔約10 NM才行。圖12.7顯示了WSR-88D和一般飛機雷達因為波束寬度不同而造成的在顯示器上不同的解析度。

　　值得注意的是，圖12.7上圖清楚顯示，雖然波束角度寬度是固定的，但距離越遠，這角度張開的弧度越大，所以以「線性距離」而言，越遠的標的物越不易解析（需要更大的分隔間距）。有時雷達螢幕上一團降雨區信號，自遠而越來越近時，變成是兩個分開的降雨區。這其實有可能是，它們本來就一直是兩個不同降雨區，只是因為移近了雷達，解析度變好而已。

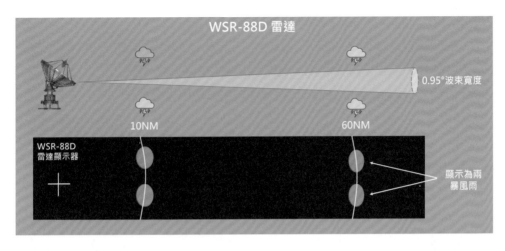

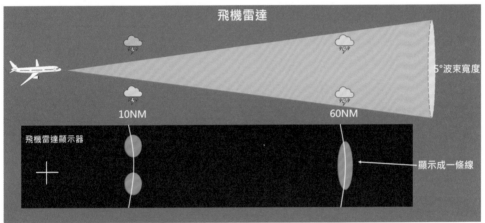

圖12.7　WSR-88D和飛機雷達因為波束寬度不同而有不同的解析度說明圖

資料來源：據NOAA原圖重繪。

12.2.5.4　波傳播（wave propagation）

　　雷達波是電磁波，電磁波雖然不需要介質來傳播，但介質的存在與否卻會影響電磁波的傳播行為。電磁波在真空裡會以直線行進來傳播出去，但氣象雷達的雷達波是在大氣裡行進的，所以大氣這種介質的特性會影響雷達波的傳播行為。大氣的密度基本上是隨著高度做指數式的減少，僅僅這點就會影響電磁波的傳播——在密度不均的介質裡，電磁波會以曲線行進，這就是「**折射**」的現象。而大氣溫度、濕度及氣壓的水平與垂直變化也會影響密度，所以在一個密度變化複

雜的大氣裡，電磁波的傳播也就變得複雜了。

　　在密度較大的大氣裡，雷達波行進得比較慢；在較稀薄的大氣裡，雷達波會進行得比較快。大氣密度可能在一個短距離之內就有很大的變化，這可以是由於溫度的變化或濕度的變化引起的。當一個波束傳波出去時，它會越來越寬，以致可能會涵蓋了不同密度的區域，這就會使得波束向速度減慢的波束部分彎曲。這又可分為下列幾種不同情境。

- 正常折射（**normal refraction**）

　　正常折射又稱為標準折射（standard refraction）。在一個標準的大氣狀況下，密度以指數方式隨著高度而漸減。當一道雷達波束射出後，波束的上部經過的大氣密度小，所以速度較快，而它的下部經過的空氣密度大，所以較慢。這一來就會使得波鋒（wave fronts）前進方向轉彎，朝向較慢（密度較大）的方向而來（圖12.8）。所以，在一般正常大氣裡，一道雷達波束不會直走，而是會向下彎（而這跟地表的曲率無關），純粹是因為低層空氣密度較大的關係。但雷達波束的曲率通常比地表的曲率要小（比地球表面直一些），所以雷達波束不會彎到地面上來，而是射得越遠，離地越高。

圖12.8　正常折射

資料來源：據FAA原圖重繪。

- 次折射（**subrefraction**）

　　上面說的是正常大氣情況，但大氣是瞬息萬變的，有時候大氣密度往上減低的速率比正常大氣要快，結果會使得折射變小，波束的曲率沒有那麼大，這種情況叫做次折射，「次」就是「比較小」的意思（圖12.9）。

　　如圖12.9中所示，次折射可能會使得波束過高而沒有偵測到原來正常狀況下測得到的標的物，就如圖中在遠方的雷暴不會被波束攔截到一般。次折射也可能使得波束只掃到雷暴頂端，而那裡降水粒子小一些，結果雷達回波偏弱，會使得人員誤判，低估了雷暴強度。

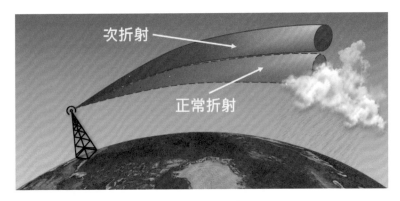

圖12.9　次折射

資料來源：據FAA原圖重繪。

• **超折射**（**superrefraction**）

　　超折射則與次折射正好相反，有時候大氣密度往上遞減的速率小於正常狀況，或者有時密度甚至往上增大，結果雷達波束的曲率就會大於正常曲率，這就是超折射（圖12.10）。對一個雷暴系統而言，超折射會是雷達波束照射在雷暴降水粒子較大的部分，可能會使得氣象人員高估了雷暴的強度。

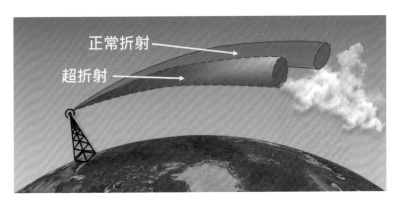

圖12.10　超折射

資料來源：據FAA原圖重繪。

- 波導（ducting）

　　上述的超折射現象有時很嚴重，會使得波束曲率變得比地球曲率還大，結果是波束最終會找到地表上，結果顯示器上面會看到地表反射回去的回波，而這些回波跟雷達原來想要偵測的天氣系統無關，這種現象叫**波導**，而這種回波叫做異常傳播（anomalous propagation）（圖12.11）。

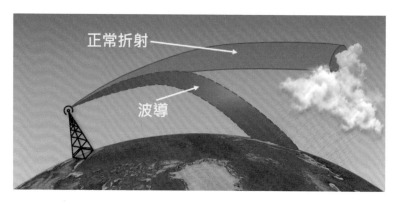

圖12.11　波導

資料來源：據FAA原圖重繪。

　　是故在判讀雷達回波型式所代表的天氣時，還必須注意有沒有這些異常的狀況因素在內，方不致於誤判。

12.2.6　降水強度（intensity of precipitation）

　　氣象雷達的重要用途之一就是偵測劇烈天氣系統，如同在上一章所述，強烈雷暴多半會產生大量的大降水粒子，所以我們如果用一具氣象雷達來偵測這個雷暴系統，會預期收到強的回波信號。被散射回來的雷達波的能量叫做**反射率**（reflectivity），反射率的大小和下列幾個因素有關：

- 降水粒子的大小
- 降水相態（液體或固體）
- 降水粒子的個數濃度（每單位體積裡的個數）
- 降水粒子的形狀

12.2.6.1　液態降水強度（intensity of liquid precipitation）

　　液態降水粒子的反射率一般比固態降水粒子要高，主要是液態水滴的密度大；反之，固態降水粒子除了大冰雹外，結構都比較鬆散，整體密度比水滴小得多，故反射率較弱。對液態降水粒子（即雨滴），影響它們的雷達反射率最重要的因素是它們的大小（圖12.12）。

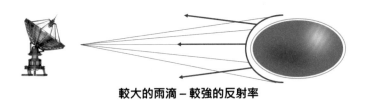

較大的雨滴－較強的反射率

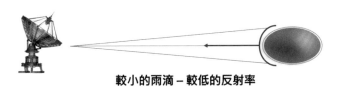

較小的雨滴－較低的反射率

圖12.12　雨滴尺寸影響回波強度

資料來源：據FAA原圖重繪。

　　雷達反射率大約隨著粒子大小的6次方而變，一個6 mm直徑的雨滴的反射率是一個3 mm直徑的雨滴的$(6/3)^6 = 2^6 = 64$倍！雷達影像之強度等級是以dBZ為單位，dB（分貝）來自計量聲波強度的單位，是一種相對單位，而dBZ則專用於雷達反射率，意思是相對於反射率因子Z的分貝值。它是遠處一個標的物（以mm^6/m^3為單位）相當於一個1 mm的雨滴（$1\ mm^6/m^3$）的反射率，其數值基本上是用來代表降雨或降雪的強度。

表12.2　dBZ和瞬時雨量的換算表

dBZ	時雨量（mm/h）	時雨量（in/hr）	強度
0	0.036	<0.01	難以察覺
5	0.07		
10	0.15	<0.01	薄霧
15	0.32	0.01	霧
20	0.65	0.02	毛毛雨
25	1.33	0.05	小雨
30	2.73	0.10	小到中雨
35	5.62	0.22	中雨
40	11.53	0.45	中雨
45	23.68	0.92	中到大雨
50	48.62	1.8963	大雨
55	99.85	3.89	暴雨／小冰雹
60	205.05	7.9975	大暴雨／中等冰雹
65	421.07	15.6	特大暴雨／大冰雹

資料來源：NOAA.

　　表12.2是氣象雷達所測的dBZ對應降水型態及強度的對照表。當dBZ很小的時候，代表降水粒子很小或不存在；dBZ值大的時候，粒子大，個數也多，所以降水強度也大。極大的dBZ值代表大暴雨區裡可能會有大冰雹。從表中可知，要有超過15 dBZ的反射率才會有液態降水粒子，比15 dBZ要小的信號通常是由於雲滴引起的。不過需注意的是，這些小反射率的信號也有可能是灰塵、花粉（尤其在植物花粉傳播季節）、昆蟲或其他小粒子所引起的，所以判讀雷達回波信號也需要注意檢查這種可能性。圖12.13是一幀降雨系統的雷達回波圖的例子。

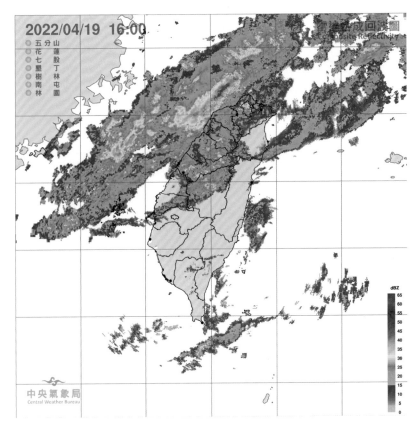

圖12.13　2022年4月19日台灣附近的降雨系統雷達PPI回波圖

資料來源：中央氣象局。

12.2.6.2　降雪強度（snowfall intensity）

　　雪片的反射率比水滴小得多，因此很難用雷達回波來可靠地估計降雪強度。不過原則上，如果知道是下雪的話，反射率強的回波也是對應於較大的降雪量。

12.2.6.3　亮帶（bright band）

　　用雷達觀測一個較大的降水系統，尤其是深對流系統產生的降水做垂直掃描而得到，往往會看到一條大致水平的強回波帶，稱為**亮帶**。雷達顯示器通常有兩種，一種叫做**平面位置指示器**（plane position indicator, PPI），就像圖12.13那種，螢幕上的點是雷達波束以某個角度（例如10°）做水平迴轉掃描所得之位置圖，光點在螢幕上的位置指出某個標的物的距離（距離中心點，即雷達所在地）

及它的方位角。另一種顯示叫做**距離高度指示器**（range height indicator, RHI），如圖12.14的例子，圖中右邊的降水系統在大約8000呎（8 kft）的高度有一道近乎水平的深紅色（高dBZ）帶，就是所謂的亮帶。這種亮帶如果是PPI圖的話，看起來會是一個高反射率的圓圈或圓弧。

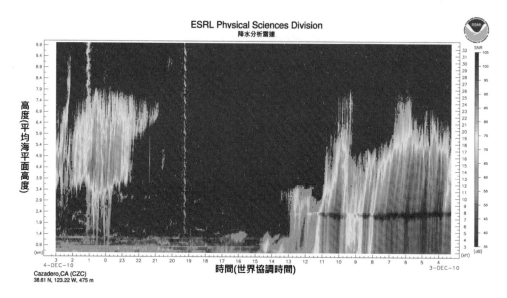

圖12.14　降水系統的雷達RHI回波圖

資料來源：NOAA.

　　為什麼會有這個亮帶？研究發現，亮帶經常出現在0°C等溫線高度之下稍低一點的地方。這就指出，這個亮帶可能是高層的冰粒子（雪花或霰、冰雹等）到這裡開始融化。在高層是冰粒子因為密度較小，故反射率較弱，回波不強；但當它們到了0°C等溫線之下開始融化後，表面上會有一層液態水包裹著。冰粒子的體積通常較水滴為大，外表裹了一層液態水的冰粒子對雷達而言看起來像個巨大水滴，反射率超強，所以就有了這個亮帶。當冰粒子完全融化成水滴之後，體積縮小，所以雷達回波就會跟其他雨滴一樣的正常亮度而已。但它們不見得代表很大的雨量，所以雷達回波亮度不盡完全等同於降雨量，因為還有其他因素需要考量。

12.3　雙偏極化雷達（Dual-Polarization Radar, Dual-Pol）

　　上面所討論的雷達是傳統型的氣象雷達，它們所顯示的資料只是回波強度，而最大用途是以回波強度來估算降水系統的強度及降雨量。但僅僅憑反射率來估算降雨量顯然有時會出差錯，如同我們上面指出的，雷達會把包有一層水的雪片當作是一個大雨滴，如果不弄清楚就會錯估了降水強度。較新的技術是除了回波強度之外，還可以設法測出粒子的形狀，就是利用電磁波的偏極化（polarization）資訊來測出降水粒子的形狀。偏極化可以有不同的型式，我們這裡以線性偏極化為例，把雷達波以水平偏極化和垂直偏極化方式送出（雙偏極化）。這些偏極化的雷達波遇到標的物時，會因它們的形狀而對不同偏極化雷達波有不同的回向散射強度。假如標的物是圓球形的水滴，那麼水平和垂直偏極化的反射率應該是相同的，但是雪片就不一樣，因為雪片降落時，主要降落姿態是以雪片面水平為主，是故水平尺度很大而垂直尺度很小，它對水平偏極化波的反射率會遠大於垂直偏極化波。霰、冰雹也各有它們特殊形狀可供辨識。

　　線性偏極化雷達的回波是以ZDR值（DR是differential reflectivity之縮寫）來顯示。定義是：

$$ZDR = 10\log_{10}\left(\frac{Z_h}{Z_v}\right) \qquad (12.1)$$

其中Z_h和Z_v分別代表水平和垂直偏極化回波功率，單位仍是dB。圖12.15是用Dual-Pol測得的一個雷暴的垂直剖面的例子，可以看出不同降水粒子（particle ID）分布在雷暴區裡的大致情況。

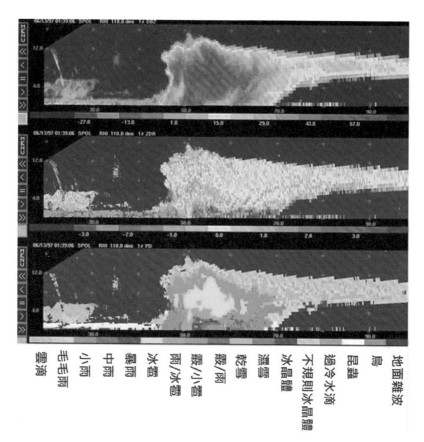

圖12.15 雙偏極化雷達回波對一個雷暴做垂直掃描顯示的例子。上圖為傳統雷達
回波顯示，下兩圖為兩種雙偏極化雷達回波顯示。

圖片來源：NOAA.

第三篇

全球氣候概況

第13章
熱帶天氣

我們前此所談的天氣現象絕大多數都是關於中緯度地區的範疇，是因為近代的氣象知識最先發展的就是中緯度地區，所以我們對中緯度的天氣觀測與理論知之最詳，例如我們討論過的氣旋及鋒面系統之類；而航空事業最為繁忙的地區也都集中在中緯度經濟高度發展的地區。但是現今航空運務的趨勢是在全球範圍中日益擴張，飛機航班也需要飛往低緯度的熱帶以及高緯度的極地，而這兩個地帶的天氣現象和中緯度就有著許多不同，我們在本章中將討論熱帶地區獨特的天氣現象。

13.1   熱帶環流

以純粹定義而言，所謂熱帶（Tropics）就是位於北緯23.5°及南緯23.5°之間的地帶。不過這裡的熱帶天氣並不是說只在這一帶發生的天氣型式，而是指具有熱帶特性的天氣，例如颱風。颱風雖然發源於熱帶，卻可能會移動到溫帶地區，影響了那裡的天氣。一般人想到熱帶，多半會聯想到草木蔥鬱，炎熱多雨那種刻板印象，其實熱帶氣候變異也很多，確實有全世界最潮濕的熱帶雨林地區，卻也有全世界最乾旱的沙漠地帶，具體是什麼樣的氣候還得視當地的特殊地理環境而定。本節主要是討論熱帶地區的大氣環流概況，地形又如何影響了那裡的天氣，以及一些短暫性的系統入侵該地區後會如何改變了哪些基本型式的環流。

圖13.1及圖13.2分別為全球1月（代表北半球冬季、南半球夏季）及7月（代表北半球夏季、南半球冬季）的平均環流狀況；除非特別註明，我們下面若有提到季節都是指北半球的季節。

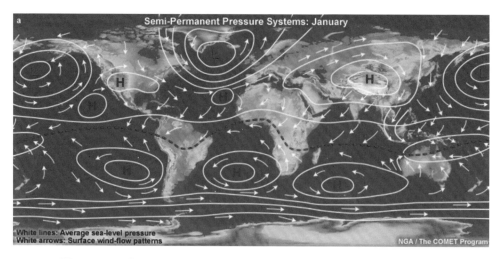

圖13.1　全球1月的海平面平均環流（白色曲線代表海平面等壓線）

圖片來源：NCAR/UCAR.

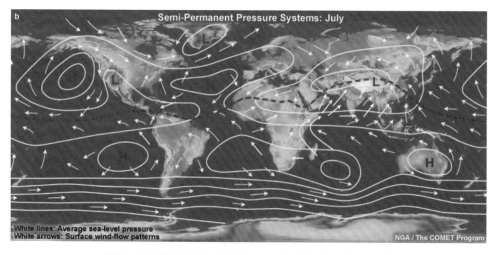

圖13.2全球7月的海平面平均環流（白色曲線代表海平面等壓線）

資料來源：NCAR/UCAR.

　　在第5章我們討論了全球風系，在圖5.10中看到了在北半球熱帶的地表之基本環流是東北信風，而南半球熱帶地表之基本環流則是東南信風。兩股信風在熱帶低層輻合，稱之為「間熱帶輻合區」（intertropical convergence zone, ITCZ）。低層空氣輻合的結果一定是使得空氣往上升，而空氣往上升的結果就是絕熱膨脹

冷卻，如果空氣中有足夠水氣，則可能上升不久就會達到飽和，使得水氣凝結成雲，所以ITCZ通常是一個對流雲帶，而且低層空氣上升的地區就是一個低壓帶。

在圖5.10中，ITCZ是正好位於赤道上，那是因為圖5.10只是個示意圖，而圖13.1及圖13.2才是從氣候觀測中得出來的平均圖，比較接近真實狀況。在這裡ITCZ是以紅色虛線代表。夏季位置北移，冬季位置南移，但每個地點北移及南移的程度並不相同，稍後還會再討論。影響環流的因子還有海陸分布，強烈地影響了季節性的海陸溫度差異，從而產生了季風（monsoon）的現象，在某些地區季風的影響蓋過了信風，例如台灣就是在東亞季風帶，位於世界最大陸地（歐亞大陸）及最大海洋（太平洋）的交界處，季風的影響非常強大。在ITCZ的兩邊在南北半球各有一個高壓帶，稱之為**副熱帶高壓帶**，也是熱帶天氣系統的主要機制之一，接下來將一一討論。

13.2　副熱帶高壓帶（Subtropical High-Pressure Belts）

在ITCZ南北兩側的海洋面上有顯著的高壓中心帶，稱為副熱帶高壓帶（簡稱副高帶），而這些半永久性的高壓中心就被稱為**副熱帶高壓**（簡稱副高）。如果地球表面都是水面而沒有陸地的話，這個高壓帶會連成一條連續的帶狀，但因為有陸地存在之故，這一帶狀才斷裂成為個別的高壓中心。主導台灣夏季天氣形勢的西太平洋高壓就是副高的一個例子。而在夏季，陸地上的氣壓系統是低壓為主，這主要是陸地在這個緯度帶終年都比海面溫暖，因此平均而言，陸地上空氣上升，形成低壓，而海面是高壓，所以平均而言是空氣下沉區，在這種情況下，廣大海面大都是晴朗的天氣。這些高壓中心夏季位置偏北，而冬季則較偏南。以下幾節我們分別論述在副高帶的不同地理環境地區的天氣大致狀況。

▶ 13.2.1　大陸地區天氣

在副高帶的大陸西海岸地區（例如美國的加利福尼亞州），空氣是非常穩定的，尤其是當風向是從大陸區吹向海面時。副高的下沉的空氣在往下運動時受到絕熱壓縮而增溫，導致這一帶地區產生逆溫層，地面上空幾百呎的空氣溫度比地

面暖，產生十分穩定的大氣狀況。水氣被逆溫層局限在低層，是故霧、低空層雲較常發生，但降雨卻很稀少──因為降雨需要有較強的對流活動，而逆溫層恰好是對流的剋星，因此這一帶是一個半乾旱地帶（圖13.3）。也因為對流偏弱，此地若是大都會區，則所排放的空污也一樣會被陷在逆溫層之下的低空，而無法被排到高空消散掉，結果就是能見度大幅降低。

圖13.3　美國的加利福尼亞州鄰近東太平洋高壓，空氣是非常穩定，雨量稀少，是個半乾旱氣候區。

資料來源：王寶貫拍攝。

　　在冬季副高帶南移，這一帶被高壓沉降氣流的影響減弱，而中緯度的天氣系統有機會進入此地區，帶來些許降雨，雨量雖不足以改變乾旱情狀，但天氣系統帶來的較強對流卻往往可以把都會區的空污散發清除掉，天空乾淨澄藍，使能見度大為提高。

　　在大陸東岸地區則正好相反，例如美國的大西洋岸或亞洲大陸的華南地區和台灣。高壓的西側環流從海面吹向陸地，逆溫層力道微弱，很容易被抬升機制衝破，旺盛對流帶來充沛雨量，甚至大雷雨，所以這一帶通常是草木蔥蘢、綠意盎然。

　　對飛航而言，在大陸西岸較常遇到的問題是低雲幕和霧引起的低能見度，而造成降落時的困難，不過那也就在海岸地帶而已，往內陸方向多飛幾哩往往就能

找到適合降落的替代機場。反倒是東岸地區常常整個地帶都是對流旺盛區，有不少飛航風險，要找個適當的替代機場來降落有時還真不容易。

13.2.2 開闊海域天氣

在副高控制下的寬闊海洋上，天氣大多是那種幾近萬里無雲的晴天。偶然有些雲發展出來，雲頂高大約都只在3000-6000呎之間，端視副高的逆溫層高度而定。雲幕高及能見度通常極好，目視飛行（VFR）不成問題。

13.2.3 島嶼天氣

這裡指的是那種遠離大陸，在茫茫大洋中的島嶼類型。在副熱帶高壓控制下的島嶼降雨量通常很稀少，這是因為高壓產生的逆溫層的持續性很高，而逆溫層壓制了對流。不過有時強烈的太陽使地面加熱，可以引起一些小對流雨。雲頂高只比開闊海面的略高一些而已，終年氣候溫和，變率不大，大西洋中的百慕達群島就是這種島嶼的例子。

13.3　信風帶（Trade Wind Belt）

信風帶位於副高帶的低緯度那一側，以北半球而言，信風帶位於副高帶的南側；而南半球則是信風帶位於副高帶的北側。圖13.1和圖13.2顯示從副高吹出的信風，在北半球盛行的是東北風，而在南半球則是東南風。副高所產生的逆溫層也因而出現在信風帶，稱之為**信風逆溫**（trade wind inversion）。和副高帶一樣，當風從大陸西岸吹向海洋時，逆溫層最強；反之，當信風是由海洋吹向大陸東岸地區時，逆溫層最弱。除非遭遇熱帶風暴系統（颱風之類）的侵襲，要不然信風帶地區的日常天氣變化都不大。

13.3.1 大陸地區天氣

大陸地區如果是位於信風帶，其西岸是風從陸地吹向海洋，一如副高帶，這樣的地區逆溫層很強，雨量稀少，基本上是個乾旱區。像墨西哥西邊的下加利福尼亞半島（Baja California）就是一個例子，那裡年雨量小於250 mm，基本上就

是個乾旱地區，和美國南加州類似。而墨西哥東岸則完全相反，信風自海面吹進
大陸區，雨量豐沛；另外如巴西的東南部、澳洲東北部也都是受到自海面吹向陸
地的信風影響，也都是綠意盎然。

　　但如果信風被山脈擋住，則迎風面雖然雨量豐沛，背風面則多半成為「雨影
區」（rain shadow）而成為沙漠或半沙漠地帶，因為水氣都在迎風面凝結降雨
了，翻過山的都是乾燥空氣，北非的沙哈拉大沙漠及美國西南部的地區就是這類
雨影區的好例子（圖13.4）。

圖13.4　美國亞利桑那州鳳凰市（phoenix）附近的乾旱氣候型地貌
資料來源：王寶貫拍攝。

　　這一帶緯度較低，日照較強烈，所以午後對流也可能很強，可以出現積雲和
積雨雲，不過雲底高度都頗高，降下的雨也是少量而已，因為畢竟空氣中本來水
氣含量就少。

　　在信風帶大陸地區的東岸及山區飛行，需注意的當然是陣雨和雷雨。在西岸
及其他乾旱區問題較少，但是需注意午後對流造成的亂流，它們也可能造成塵捲
風（dust devil），塵捲風或其他強風揚沙現象會造成能見度降低。

▶ 13.3.2 開闊海域天氣

在信風帶的開闊海面上，天空雲量平均大約50%左右。雲頂高大約3000-8000呎，視逆溫層高度而定。陣雨的機會比在副高帶的海面多些，但雨量也是不多，飛航天氣狀況一般不成問題。

▶ 13.3.3 島嶼天氣

信風帶的島嶼天氣要看當地是否有山岳而定。如果有山的話，由於信風的風向是固定的（所以叫信風），因此迎風面也是固定的。迎風面會有大量降雨，但雲頂很少超過10000呎，因此雷雨也很少。反之，背風面則是雨影區，翻過山順坡而下的風水氣稀少，因而背風面比迎風面乾燥得多。許多信風帶的島嶼迎風面十分翠綠，甚至有雨林，而背風面就呈半乾旱狀態。美國夏威夷的歐胡島（O'ahu）情況正是如此，島長約24哩，大致與風向垂直，迎風面的年降雨量在海平面約1500 mm而山頂可達5000 mm，而背風面卻只有250 mm左右（圖13.5）。

圖13.5 美國夏威夷群島中的歐胡島。夏威夷最大都市檀香山（Honolulu）即位於此島上。

資料來源：據NASA底圖重繪。

　　沒有山的島嶼對雲量及降水的影響很小，午後的陽光會使地面加熱，增加些許對流雲，但即使有陣雨也是小量，不過這些島嶼（包括在副高帶的島嶼）會稍稍強化了積雲的增長，雖然也不會達到很高的高度。假如這一帶海面是籠罩了一片積雲，那麼那一簇雲頂最高的積雲所在大致就是島嶼的位置，因此如果飛機必須降落海面上的話，駕駛員最好看看那裡有最高的積雲，然後朝向那裡前進，因為那裡可能會有陸地，增加飛機及人員的安全。

▶ 13.3.4　間熱帶輻合區天氣

　　這是前面提到的ITCZ，當南北兩條信風帶氣流匯合一起，迫使氣流上升；上升氣流當然促進成雲降雨，所以從衛星影像上來看，它就像是一條雲帶環繞的赤道附近（圖13.6）。

圖13.6　橫互影像中央的雲帶就是間熱帶輻合區（ITCZ）

資料來源：NASA.

　　ITCZ有時頗為連續，長達數百哩，但有時又會斷裂成不連續的段落。它在海洋上組織比較旺盛明顯，在陸地上常常不太完整。這一帶可以有很高的對流雲及雷暴系統，給赤道區帶來大量降雨，豐富了這裡的植被。ITCZ裡的雷暴系統雲頂可超過40000呎，這裡的對流風暴系統的生命期通常為時短暫，但降雨量非常可觀，有估計指出，有40%的熱帶的降雨強度是每小時超過25毫米（mm），

通常在中午時刻降雨最大。ITCZ會隨著季節南北移動，夏季北移，冬季南移。在赤道上ITCZ一年會經過兩次，一次在3月（春分附近），一次在9月（秋分附近），因而那裡一年有兩個乾季和兩個雨季。ITCZ區域裡的開闊海洋區與島嶼天氣一模一樣，都是被對流天氣所控制。

飛經ITCZ通常不會有什麼特殊問題，唯一需知道的只是尋常的規避積雨雲及雷暴系統的法則而已。位於ITCZ帶的大陸地區的天氣往往受到季風的影響大於ITCZ（而且ITCZ在大陸上並不明顯），我們留待下一節來討論。

▶ 13.3.5　季風區天氣（monsoon）

季風主要發生在大陸與大海的交界處。陸地與海洋對太陽輻射的加熱反應不同，因而產生溫度上的差異，從而造成氣壓分布的差異，而這種差異也會隨著季節而變化。所以在不同季節，氣壓梯度的方向也可能不同，於是就造成了季風。在季風盛行區，這種作用會蓋過了其他因素（如信風、ITCZ），成為最主要的天氣掌控者；位於世界最大陸塊（歐亞大陸）與世界最大海洋（太平洋）交界處的東亞季風區（台灣包括在內）就是一個典型的代表。

從圖13.1和圖13.2可以看出，在亞洲大陸上是幾乎完全沒有副熱帶高壓的踪跡，夏季亞洲大陸上空是一個發展良好的低壓區，而冬季則是一個強大的高壓區。冬季的高壓是個冷高壓（極地氣團造成的），和副熱帶高壓的暖高壓本質不同；澳洲和中非大陸也是同樣狀況，當然在南半球季節剛好相反。

冬季盤踞大陸的高壓和海洋上的相對低壓使得風從大陸吹向海洋方向，而夏季大陸上變為低壓，結果風向反轉過來，由海洋吹向大陸方向，這就是季風的基本現象。季風在東亞、東南亞、南亞（基本上就是印度）都很顯著。以下就夏季季風與冬季季風情況來分別檢視。

▶ 13.3.6　夏季（或濕季）季風天氣

在夏季，亞洲中央的低壓把從西南方來的海上溫暖潮濕而且不穩定的空氣吸引到陸地上來（圖13.2），溫暖的陸地上產生強烈上升氣流，隨著地形升上高處，造成極高的雲量、大雨和許多雷暴。總之，夏季是季風區的雨季，印度有些地區有世界紀錄的極端降雨，其年降雨量超過10000毫米，如毛辛勞姆

（Mawsynram）和乞拉朋吉（Cherrapunji）的年雨量是台灣（約2200毫米）的4-5倍！台灣的夏季有西南氣流來臨時會降下可觀的雨量，甚至豪大雨，造成洪水氾濫，而南亞的雨量洪水是有過之而無不及。

　　季風環流的影響有多強大？只要想一想，許多南亞、東南亞及東亞地區本應是屬於東北信風帶，風向應該是東北風，可是由於強大的季風機制影響，在夏季這些地方都刮南風或西南風，完全蓋過信風的機制。季風帶的島嶼和其他地方一樣，夏季是多雨的季節。

▶ 13.3.7　冬季季風天氣

　　冬季大陸上被高壓盤踞，寒冷而乾燥的風改由陸地上吹向海洋方向。在南亞，乾冷的風由喜馬拉雅高地流向南邊山麓的低地時，會因絕熱壓縮而增暖，而變得更乾燥。在東亞的台灣則除了高壓原有的東北風環流，又被台灣的中央山脈及福建的武夷山脈地形產生的狹管效應增強，在台灣海峽上產生強勁東北季風。

　　這些冬季季風雖然一般而言都是乾燥空氣，但是如果它們經過溫暖海面時，會帶上一些水氣而變得較濕潤而不穩定（即氣團變性），在岸上或島上造成一些降雨以及較多的雲量（圖13.7）。

圖13.7　2016年1月25日強大寒流籠罩台灣，冷空氣流經較溫暖海面在台灣附近海域形成一片淺對流雲區的衛星影像。

資料來源：Himawari-8/RAMMB/NOAA，Daniel Lindsey提供。

在台灣南邊的菲律賓群島夏季也是被季風氣候所籠罩，主要是偏南風，帶來溫暖多雨的天氣；冬季也一樣是東北季風，但也可以說是東北信風。菲律賓可以算是介乎信風與季風之間的案例，冬季也是多雨，是一個終年潮濕的熱帶型氣候。

▶ 13.3.8　其他季風區

除了上述的亞洲季風區之外，還有其他一些地區也是季風盛行區。7月是位於南半球的澳洲的冬季，是故在圖13.2中，我們可見澳洲大陸上是高壓掌控，風自陸地吹向海洋，此時澳洲大部分是乾燥的季節。1月則是澳洲的夏季，風自海洋吹向陸地，是故理應帶來水氣及降雨。然而，澳洲大陸邊緣卻是被群山環繞，所以海岸地帶的山脈迎風面雨量豐沛，植被茂盛，但背山面的內陸卻是乾而熱的下坡風，因而澳洲內陸基本上是個乾旱的沙漠，它著名的**內陸大蠻荒**（Outback）就是這樣的沙漠。

中非是一個很特殊的氣候區，赤道貫穿整個中非。全世界雷電頻率最高的地區就在中非，非洲最高峰吉力馬札羅山（Mount Kilimanjaro，海拔5895 m）也位於此處；這裡氣候潮濕，到處是荒莽的熱帶叢林。圖13.1與圖13.2可看出，這裡幾乎整年風向是由海洋吹向陸地。有的地方終年都是雨季，有的地方則分別有乾季與雨季。非洲的氣候十分複雜，很難做一個通盤論定，必須對個別地區個別考量。

位於南半球的亞馬遜河河谷，其冬季（7月）吹的是東南信風，長驅直入流域深處，帶來豐沛雨量，也造就了舉世皆知的榛莽叢林。在1月的夏季，ITCZ移到河谷南方（圖13.1），東北信風在此與越過赤道的季風相遇，同樣帶來大量降雨。

▶ 13.3.9　季風區的飛航天氣

由於冬季季風多半是乾燥的，在內陸地區飛航天氣相當良好，但是在水面上則可能會碰上陣雨與雷暴。在夏季季風區，目視飛行必須注意低雲幕及豪雨，儀器飛行則需注意雷暴。在熱帶，積冰層大都在14000呎以上，是故若有積冰情況則大都局限於高層。

13.4　暫態系統（Transitory Systems）

　　上面所討論的是基本的熱帶盛行環流影響下的天氣，但熱帶還是存在一些短暫的過渡性天氣系統，雖然短暫，它們的影響可能很大，不能忽略。這些系統包括：風切線、熱帶對流層上部槽、熱帶波動、ITCZ上東北與東南信風輻合區，以及熱帶氣旋。

▶ 13.4.1　風切線（shear line）

　　一個極鋒系統留下的殘留痕跡可能會演變成為一些對流線，而偶然會引發一個熱帶氣旋。極鋒系統的冷鋒後面是極地來的冷氣團，但是當這團從高緯度地區發源的冷氣團萬里迢迢來到熱帶時，在極鋒兩側的不同氣團的溫度和濕度已經沒有什麼不一樣，唯有兩側風向突變的特點還存留下來——這就是風切線（圖13.8）。這種風切線具有氣旋式的渦度，會引發上升氣流，產生高雲量或降雨。在西半球，它們會影響大西洋、墨西哥灣或加勒比海區域在颱風季節早期或晚期的一些風暴系統。

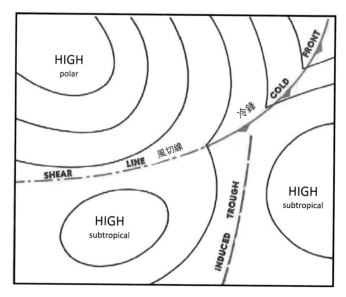

圖13.8　風切線

資料來源：據FAA原圖重繪。

　　圖13.8中原來的半永久性副高分裂為二，中間產生了一個誘發槽線（induced trough）。這槽線兩側也會有較大風切，也會造成不尋常的雲量增加及降雨。

▶ 13.4.2　熱帶對流層上部槽（tropical upper tropospheric trough, TUTT）

　　熱帶對流層上部槽指的是一種移經熱帶（但緯度較高那側）的高空低壓槽，高度一般在10000呎以上，常可達200 hPa氣層（圖13.9）。

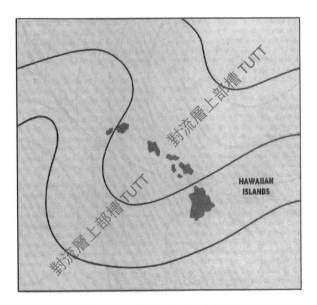

圖13.9　熱帶對流層上部槽

資料來源：據FAA原圖重繪。

　　它們有時候是中高緯度的低壓槽延伸到熱帶地區，有時是其他機制引發的槽線。它們的低壓性質會引發上升氣流，在中、高層對流層造成分布廣泛的中雲和高雲，特別是在槽線的東方及東南方。有時候槽線非常深入熱帶，在槽線尾端（近赤道那側）形成一個封閉的低壓中心（一個位於高空的冷心低壓系統）。這個低壓有可能和槽線分離，形成一個切斷低壓中心，並繼續西行，製造出大量的雲和降雨。如果這個情形出現在強烈的副熱帶噴流附近，就會出現大量的濃密卷雲——意味著這裡會有某種強度的對流運動及晴空亂流發生。

　　TUTT和上述的低壓可能在熱帶造成大量降水，尤其是當山岳或地面加熱使

得氣流上升，水氣達到飽和時更易出現，例如多山的夏威夷群島就是。高空低壓系統對夏威夷大島和茂宜島山上超過7500毫米的年降水量貢獻了很大的一部分。

▶ 13.4.3　熱帶波動（tropical waves）

熱帶波動（又稱**東風波**，easterly waves）是熱帶地區常見的天氣擾動，通常發生在信風帶裡。在北半球，它們通常在副熱帶高壓系統的東南邊緣發展出來，然後沿著高壓的南邊由東向西走到熱帶的盛行東風帶裡（圖13.10）。

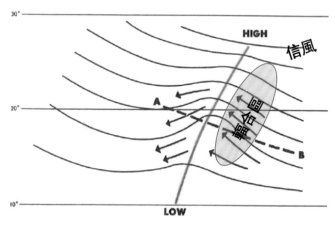

圖13.10　東風波

資料來源：據NOAA原圖重繪。

圖中波狀橫線是等壓線，而南北向粗線則代表低壓槽。槽線右邊是輻合區，有較強上升氣流，因此雲層比較厚，也可能會有陣雨及雷暴，左邊是輻散區，雲量會比較少。整個雲帶一般也呈南北走向。東風波接近時，氣壓會開始下降，但東風波過了之後，風向轉為東南風。東風波整年任何時間都可能發生，但最常在夏季及早秋，力道也最強。太平洋裡的東風波會影響夏威夷、菲律賓，大西洋的東風波偶爾會移進墨西哥灣，進而影響美國沿岸天氣。東風波也可能進一步發展而成熱帶氣旋或颱風。

▶ 13.4.4　西非擾動線（West African Disturbance Line, WADL）

有時候，一條類似颮線的對流帶會從低緯度的西非洲移入北大西洋的信風帶，這對流線稱之為西非擾動線（WADL）。擾動線可以每小時20-40哩（比東風

波快）向西移動，線上通常會產生厚雲和雷暴，也可能發展成大西洋裡的颶風。

▶ 13.4.5　熱帶氣旋（tropical cyclones）

　　熱帶氣旋是任何在熱帶海洋發源的低壓中心的統稱，它們都是某種程度的風暴系統，以10分鐘的平均風速來作為強度分類的基準。在這些風暴系統中，它們的瞬時陣風風速都可能比平均風速要大到50%以上。在北大西洋及東北太平洋，熱帶氣旋的分類如下：

- 熱帶低壓（tropical depression, TD）：持續風速達到34 kts（64 km/hr）。
- 熱帶風暴（tropical storm, TS）：持續風速在35-64 kts之間（65-119 km/hr）。
- 颶風（hurricane）：持續風速在65 kts以上（120 km/hr以上）。

　　事實上，每個地區的定義可能會略有不同，名稱（或譯名）也不盡相同。在西北太平洋，颶風級的風速稱為**颱風**（typhoon）；台灣中央氣象局的颱風強度分類如表13.1。

表13.1　颱風強度分類

颱風強度	近中心最大風速			
	km/hr	m/s	kts	相當蒲福風級
輕度颱風	62~117	17.2~32.6	34~63	8~11
中度颱風	118~183	32.7~50.9	64~99	12~15
強烈颱風	184以上	51.0以上	100以上	16以上

資料來源：中央氣象局。

　　在西南太平洋及東南印度洋地區（澳洲附近）稱為強烈熱帶氣旋，在北印度洋地區稱為強烈氣旋風暴，在西南印度洋地區則僅稱為熱帶氣旋。所謂「超級颱風」（super typhoon）一詞只用於當最大持續風速超過130 kts（241 km/hr）的颱風個案。在以下的討論中，我們將用「熱帶氣旋」（或「颱風」）來代表以上所述的同類現象。

13.4.5.1　熱帶氣旋的發展

　　長久以來，人們認識到熱帶氣旋的發展必須在溫暖的海洋表面，通常認為必

須在26-27°C以上，近來的研究認為臨界溫度在25.5°C左右，另外要有低層的輻合（可以造成上升氣流）以及**氣旋式**（cyclonic）的風切（亦即：在北半球為反時針方向，南半球為順時針方向）。前述的一些熱帶擾動，諸如風切線、東風波、TUTT、低緯度的對流活動從大陸上移入海洋（例如WADL）都可能提供這些有利條件而成為熱帶氣旋發育的溫床。

　　然而僅僅低層的輻合仍不足以發展成熱帶氣旋，還需要有高層的輻散來配合。高層輻散的作用猶如煙囪一般，把低層的空氣往上抽。低層的水氣經此作用上升冷卻而凝結成雲並降雨，釋放出大量潛熱，使得系統中心的溫度升高，空氣加速上升，同時使得地面中心氣壓降得更低，風速也增大。如此連鎖反應循環不已，最後終於達到熱帶氣旋級的風速。

　　圖13.11顯示熱帶氣旋的軌跡分布圖，從圖中我們發現熱帶氣旋大都在緯度5-20°的熱帶海洋面上發展出來。緯度太高的地方海水溫度太冷，不利於熱帶氣旋的成長；而緯度低於5°的地方則科氏力又太小，很難產生足夠的旋轉速度來造成環繞低壓中心的環流，結果是低壓中心一出現，附近的空氣馬上直接流入低壓中心將之填滿，氣旋尚未成型就夭折了。當緯度稍高時（例如緯度5-10°），科氏力就夠強大，風能夠開始旋轉而不會一下子就流入中心──一個旋轉的氣旋就可能成型。

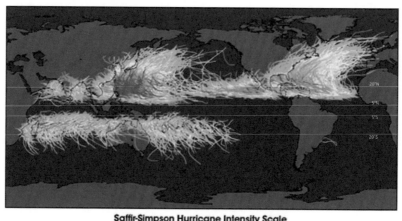

圖13.11　颱風（颶風）路徑圖及強度等級（西北太平洋的颱風既強且多）
資料來源：FAA.

13.4.5.2　熱帶氣旋的移動

熱帶氣旋生成後，它們在低緯度的移動方向大都介乎向西與向北之間。當它們逐漸移入中緯度地帶時，動向會受到兩個風系的影響，一個是低層的信風系統（具有東風的分量），一個是高層的盛行西風風系。其結果是，在氣旋初進入中緯度時，動向會有些搖擺不定，有時甚至還往回走或轉圈圈。然而最終繼續下去的話，還是受到盛行西風的影響，方向偏北，再來偏東北，再來偏東北東，到這階段，氣旋已經深入中緯度地帶了。

13.4.5.3　熱帶氣旋的衰減

當熱帶氣旋進入中緯度，移動方向開始（在北半球）偏北或偏東時，它們也逐漸開始喪失它們的熱帶特徵，反而開始出現一些中緯度低壓中心的特徵。熱帶氣旋形成時，需要源源不絕的暖濕空氣補充其能源，但在中緯度冷空氣開始進入氣旋，於是便開始變弱了。如果氣旋的路徑是沿著海岸而進入中緯度，那麼它還可能得到海面濕氣的滋潤，其變弱的速度會稍慢一些。但如果它的路徑是一直深入內陸，則很快就變弱，這是因為一來陸地上沒有足夠水氣可提供潛熱能源；二來陸地上地形複雜，有人造建築，又有草木叢生，摩擦力大，會迅速使得風力減弱，不過在它們衰減的過程中仍可能給經過的路徑地區帶來風災洪水。這些移入中緯度而變性的氣旋成為溫帶氣旋（extratropical cyclone），extratropical就是熱帶之外的意思。熱帶氣旋產生的天氣和溫帶氣旋有些不同，以下分別討論。

13.4.5.4　熱帶低壓天氣

熱帶低壓是形成颱風的初始階段，在這區域我們會看到一些圓形的雲團，有時完整有時破碎，雲也可以有好幾層。這些雲團裡就會有許多陣雨區及雷暴區，有些較為疏落，有些頗為密集；雲團的大小可從小於100哩直徑到大於200哩。

13.4.5.5　熱帶風暴及颱風天氣

當熱帶低壓繼續發展增強成為熱帶風暴乃至颱風等級時，風暴系統的螺旋形雲系特徵變得很明顯，螺旋臂有時是完整一條，有時斷斷續續，內中都是強風及暴雨，被稱為雨帶（rain band），雲幕高及能見度接近於零。雨帶中的強風使得亂流強度也很大，因此飛機進入雨帶中有很大的風險；雨帶和雨帶之間的間隙通

常風雨和亂流也較小。圖13.12是2016年9月莫蘭蒂颱風侵台時的雷達回波圖，螺旋雨帶的型式非常明顯。

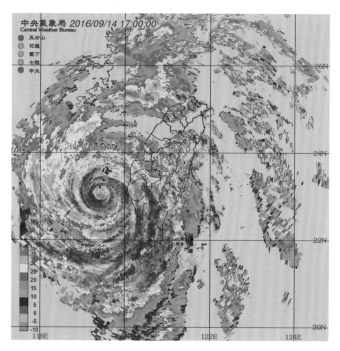

圖13.12　2016年9月莫蘭蒂颱風侵台時的雷達回波圖

資料來源：中央氣象局。

　　圖13.13是莫蘭蒂颱風的可見光衛星影像，在此圖中，我們看到它有一個明顯的颱風眼（eye）。不是所有的熱帶風暴及颱風都有個「眼」，但是如果有的話，它們通常會在氣旋達到颱風風力48小時之內形成。在颱風眼中，天氣倒是一點都不狂暴，風速一般很小，但風向有些不定，雲量通常也不大，常可看到部分藍天。颱風眼的直徑一般約15-20哩（約25-35公里），但偶然也有小於7哩（約10公里）或大於30哩（約50公里）的個案。颱風眼四周被所謂的「眼牆」（eye wall）包圍，這是一層大致圓筒形的積雨雲牆，雲頂可超過5萬呎（略高於15公里）之高度（圖13.14）。這些積雨雲裡有傾盆暴雨及狂嘯的強風，風速可高達175 kts（~90 m/s），凡是風速超過150 kts都稱之為超級颱風（super typhoon）。總之，颱風眼牆是民航飛機絕不應進入的區域。

圖13.13　2016年9月莫蘭蒂颱風移近台灣時的可見光衛星影像

資料來源：Himawari-8氣象衛星、中央氣象局。

圖13.14　卡崔娜颶風眼牆之積雨雲

資料來源：NOAA.

美國慣用一種颱風風力等級分類，稱為薩菲爾—辛普森[85] 颶風等級（Saffir-Simpson Hurricane Scale），是一種以颱風（或颶風）風速為基礎來估量強風可能造成的災害的分級法，1級最小，5級最大具體的敘述可見於表13.2。

表13.2　薩菲爾—辛普森颶風風力等級之風速及其房屋損壞特徵

風力等級	風速	房屋損壞特徵
5	≥157英里／小時 ≥137節 ≥252公里／小時	幾乎完全摧毀移動式房屋（不論其新舊或結構），同時大部分的木造房屋將被摧毀（包括屋頂坍塌及牆壁倒塌）。廣泛發生屋頂覆蓋物、窗戶及門遭破壞，造成大量風載碎片被拋至空中，幾乎所有非防颶風窗及為數眾多的防颶風窗都會被這些風載碎片毀損。
4	130-156英里／小時 113-136節 209-251公里／小時	摧毀幾乎所有較舊（建於1994年之前）之移動式房屋，且大部分較新的移動式房屋也會被吹毀。結構不良的木造房屋可能發生牆壁完全倒塌及屋頂結構損耗；建造良好的木構房屋亦可能發生屋頂大部分結構損壞及外牆的毀損。颶風破壞屋頂覆蓋物、窗戶及門，造成大量風載碎片被拋至空中，風載碎片將打破非防颶風窗並貫穿部分防颶風窗。
3	111-129英里／小時 96-112節 178-208公里／小時	幾乎所有較舊（建於1994年之前）之移動式房屋都將被摧毀，多數較新的移動式房屋有屋頂完全坍塌及牆壁倒塌潛在損害。結構不良的木造房屋可能發生外牆及屋頂被吹走，颶風吹起的碎片能打破非防颶風窗；建造良好的木構房屋則可能會遭受屋頂板和牆角遭風吹毀等重大損壞。
2	96-110英里／小時 83-95節 154-177公里／小時	較舊（主為建於1994年之前）之移動式房屋被摧毀的機率非常高，被風吹起的房屋碎片可能粉碎鄰近移動式房屋，因此較新的移動房屋也可能被摧毀。結構不良的木構房屋如果屋頂結構未固定好，屋頂很有可能被吹走；非防颶風窗很可能被風吹起的碎片打破。建造良好的木造房屋則可能會遭受嚴重的屋頂和壁板損壞，常見金屬製品、露臺、游泳池圍欄等故障。

85　薩菲爾（Herbert Seymour Saffir, 1917-2007），美國工程師。在研究建造廉價抗風房屋時，創立了一套颶風風力等級。辛普森（Robert Homer Simpson, 1912-2014），美國氣象學家，曾任美國國家颶風中心主任。他和薩菲爾是熟朋友，補充了薩菲爾的等級而成了薩菲爾—辛普森颶風風力等級。他的妻子也是著名氣象學家喬安·辛普森（Joanne Simpson, 1923-2010），為熱帶氣象及強對流天氣方面專家。

風力等級	風速	房屋損壞特徵
1	74-95英里／小時 64-82節 119-153公里／小時	較舊（主為建於1994年之前）之移動式房屋可能被摧毀，因在若未固定良好下，其往往被風吹移甚至吹滾下地基。較新且固定良好之移動式房屋則可能發生瓦片或金屬屋頂覆蓋物、外牆覆蓋合板遭吹落，以及造成車棚、日光室或門廊的損壞。某些結構不良的木造房屋可能發生屋頂覆蓋物毀損、牆角毀壞及門廊頂和遮陽板被吹走等重大毀損。非防颶風窗若被飛濺的碎片擊中則可能會破裂，磚砌煙囪則可能被風吹倒。建造良好的木構房屋可能造成屋頂瓦、外牆覆蓋合板、屋簷和排水溝損壞，可能發生金屬製品、露臺、游泳池圍欄等故障。

說明：本表格之房屋形式專指為美國式房屋，主建物外附有車棚、日光室、露臺、門廊、圍欄及各式金屬物品。美國房屋依主建物結構分移動式房屋（mobile home）與木造房屋（frame home）。移動式房屋為可移動組合屋，掛載於車輛或固定於地基上，1992年安德魯颶風重創美國，自1994年起法規要求提高該型房屋安全係數。木造房屋為以木質梁柱框構之建物，外牆覆蓋合板、屋頂上覆各種質材屋瓦、另裝設屋簷、排水管、陽台、車棚等。

資料來源：NOAA.

第14章
北極天氣

14.1　簡介

　　嚴格定義上的北極地區是指在北極圈之內的地區，而北極圈是指緯度高於北緯66.5°的地方，但是本章的北極地區是定義比較模糊的靠近北極的北方地區（圖14.1），所以也涵蓋了像美國阿拉斯加州的討論，雖然阿拉斯加大部分都不在北極圈內。本章將討論北極地區的氣候、氣團、北極鋒面系統、一些北極的特殊天氣以及北極的天氣災害。

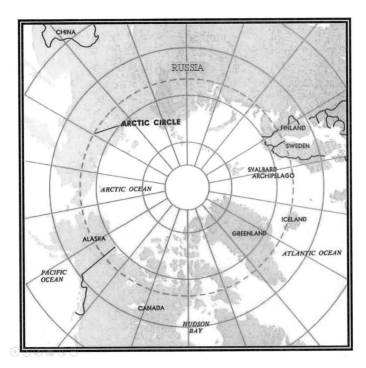

圖14.1　北極地區概略地圖

資料來源：FAA.

14.2　北極的氣候、氣團與鋒面

我們對北極地區的氣候的第一印象當然是「冷」，在第3章就說過，北極地區地表能量嚴重超支，所收到的太陽能遠低於當地地表所發射回太空的能量，是極端的能量虧絀區。但是冷的情況也有不同類型，隨著季節和地域的特性會有所變化。影響氣候的因素本來就非常之多，而在北極地區更是變本加厲。除了冷之外，北極地區還有一些一般人想不到的地球物理現象可能會造成飛航風險，值得航空界注意。

▶ 14.2.1　漫長的白晝、夜晚和曙暮光

極地地區的特徵之一就是有漫長的白晝和夜晚。在秋冬季節，靠近北極圈的地區太陽每天有很長時間都在地平線以下，所以幾乎整天都是夜晚，在正北極點則是有6個月的夜晚；到了春夏季節正好相反，有漫長的時間都是悠悠白日，太陽整天在地平線上（不過在極地地區，太陽是不可能「高高在天上照耀」的——在北緯90°的夏至日，是當地太陽離地平角度最高的時候，但也只不過23.5°而已）。

不過極地的夜晚雖然是「夜」，卻不一定「黑」，這是因為極地有相當長的「曙暮光」（twilight）時段。曙暮光的現象來自大氣的折射現象，即使太陽位於地平線之下，只要角度不太大（一般在6°之內），太陽光仍然可以到達地平線上，這就是曙暮光（圖14.2）。

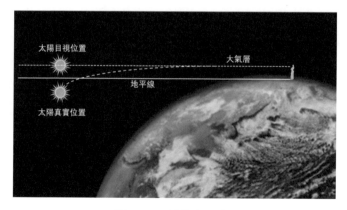

圖14.2　曙暮光現象

說明：即使太陽位置已在地平之下，大氣折射仍可使得陽光到達地平之上。

在一般中低緯度，曙暮光的時段（稱為**民用曙暮光**，civil twilight）大概有20-30分鐘左右，但在極地的冬季，太陽位於地平線下的角度有很長時間小於6°，結果是民用曙暮光時段非常長，從北極圈附近的兩個多星期到近北極點（緯度72°左右）的兩個多月之久（表14.1）。所以雖然是夜晚，卻並不黑，仍然可以容易看到標識物，對飛航而言並沒有太大困難。

表14.1　極地民用曙暮光

北半球	
北緯68°	12月9日至次年1月2日
北緯69°	12月1日至次年1月10日
北緯70°	11月26日至次年1月16日
北緯71°	11月21日至次年1月21日
北緯72°	11月16日至次年1月25日
南半球	
南緯68°	6月7日至7月3日
南緯69°	5月30日至7月11日
南緯70°	5月24日至7月18日
南緯71°	5月19日至7月23日
南緯72°	5月14日至7月27日

資料來源：Wikipedia, Article: Polar night.

▶ 14.2.2　**水陸分布**

圖14.1也顯示了北極地區的水陸分布。北極地區有陸地也有海洋，而陸地上也有山脈。北極的山脈能很有效地阻擋了空氣的運動，使得大團空氣得以長期停滯在一個地點，而這正是氣團發育的優良條件，所以北極陸地是氣團的發源地。

但是北極更大片的面積是海洋，稱為**北冰洋**（Arctic Ocean）。北冰洋長年被大片海冰覆蓋，它們是浮在海水之上。春夏有許多海冰消融，而秋冬則海冰又會增長。冰層可能很厚，從3至4公尺到二十幾公尺都有。雖然為海冰所覆蓋，冰下的海水含熱量卻遠大於它們周邊的陸地，而且能從海冰隙縫將熱量傳送到大氣中來。這些熱量能夠調節氣候狀況——海上及海岸地區冬季沒有那麼酷寒，而夏

季又比較涼爽。陸地上則相反，冬季絕對是酷寒，而夏季比海洋要暖，季節變異比海洋大得多。

▶ 14.2.3　溫度

一般而言，北極地區的冬季絕對是非常寒冷的，但由於一些地形及氣壓系統活動的影響，偶然有些地區會出現出乎預料的溫暖狀況。如上所言，冬季的海岸地區比內陸溫暖；夏季的內陸地區由於有長時間的太陽光照射，會造成舒適的溫暖天氣；反之，海岸地區由於海洋的吸熱作用會使得它們的夏季比內陸要短。

▶ 14.2.4　雲及降水

北極地區的雲量在冬季最少，這是因為此時有大量的海冰覆蓋，冰面上的水氣不如水面上的多，空氣穩定度也較高，不容易成雲。春天來臨時，雲量也開始增加，到了夏季與秋季，由於海冰融化較多，北冰洋上有許多沒有冰覆蓋的水面，水氣含量增多，雲量也在其這兩個季節達到最大值。

在夏天的下午，一些散布在內陸的積雲偶然會發展成雷陣雨，它們通常的動向是由東北移向西南。這是因為極地的盛行風向是東風，和中緯度盛行西風帶的風暴一般是由西往東移動相反。到了冬季，開闊的洋面上可能或產生極地低壓（polar low）（圖14.3）。

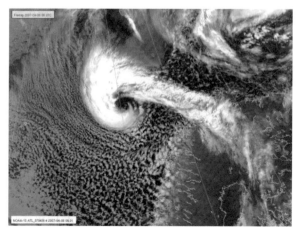

圖14.3　一個極地低壓的例子

資料來源：NOAA.

　　極地低壓規模比中緯度低壓系統來得小，卻常常很強烈，當冷空氣經過較暖海面時，不穩定性使得它們快速發展，形成劇烈天氣，表面會有強風，並且會帶來豪雨，一旦移到陸地上會很快就消失。

　　不過一般而言，降水在極地都是較少，雖然降水型態也隨著地域而有不同。有些地方降水極少，被稱為**極地沙漠**。在冬季，北極地區的唯一降水型態是下雪。在夏季，在北極冰蓋區（ice cap）及海洋上多半是下雪，但在內陸上則是下雨，海冰及海岸地區的年降水量一般小於內陸地區。

▶ 14.2.5　風

　　極地的風速一般不大，唯有在秋冬季節沿著海岸地區會較常有大一些的風。內陸地區一般整年風速都頗小，最大風速發生在夏季與秋季。微弱的風速使得極地的冬季溫度雖低，但體感溫度卻還不如一些中緯度地區（例如美國的明尼蘇達及威斯康辛州）冬季有強風的風冷因素（wind chill factor）影響下的低溫天氣來得冷。

▶ 14.2.6　冬季氣團

　　北極地區冬季氣團在海冰面上及其毗連的被冰雪覆蓋的地面上發育，這些氣團的特質就是溫度非常低，水氣非常少，而且在他們的低層有強烈的逆溫層。偶然會有一些從沒被海冰覆蓋的海面空氣向北移動過來，這些冷空氣含有較多的水氣，極地的冬季多雲量、降水都罕見，有的話大都是有這些冷濕空氣移來時造成的。

▶ 14.2.7　夏季氣團

　　在夏季，北極永凍層的最頂層會融解，會使得當地地面頗為濕潤，而且此時整個北極盆地開放水面面積會增大許多，整個地區會比較濕潤，天氣較為溫和，氣候變得類似海洋性的特質。在夏季，雲量和雨量最大地區都發生在內陸地區。

▶ 14.2.8　鋒面

　　最經常發生的鋒面型態就是囚錮鋒（見第6章）。一如其他地方的囚錮鋒一

樣，這種囚錮鋒天氣的標準情況就是：低雲多、降水多、能見度差以及鋒面霧會突然發生，沿著海岸地區比內陸更常有鋒面情況。

14.3　北極特殊現象

北極地區有一些特殊的天氣或大氣現象可能會對飛航有所影響，因此必須特別注意。以下是幾個重要例子。

▶ 14.3.1　逆溫層效應

逆溫層在北極地區經常發生，因為此地地面經常被冰雪覆蓋，不易吸收陽光，常常極冷，上層空氣反而比地面暖的多。[86] 一如其他地方的逆溫層一樣，它們會壓制對流的發展，使得地面風速減小，空污及霧霾會被逆溫層局限在低層，久久不散，直到逆溫狀況消失才會有所改善，這當然會影響能見度。同時由於極地太陽在天空位置不會很高，陽光在此地區是以低角度射入，會經過這穩定的逆溫層產生折射，造成一種稱為「上蜃景」（looming）的海市蜃樓光學效應。這種效應會使得位於地平線下的遠處景物出現在地平線上被看見，也會使得接近地平時的太陽、月亮及其他物體看起來變了形。

▶ 14.3.2　冰雪覆蓋地表對光的反射

冰雪覆蓋的地表會強烈反射光線，其結果會使得許多物體的光暗對比減少，而物體的光暗對比是人眼辨識物體及估計距離的重要因素之一。北極太陽光強烈被白雪覆蓋的地表反射後，遠方黑暗的山體或許還能被清楚辨認，但冰川的裂隙——冰隙（crevasse）——在平常狀況下應容易辨認，卻可能就會因為對比減弱而看不見（圖14.4）。

---

86 當然這裡「冷、暖」是相對的。北極的逆溫層有時是地面溫度-50°C，而幾百公尺上方的空氣則可能是-30°C。雖然上方空氣其實很冷，但比起地面卻是暖了20°C！

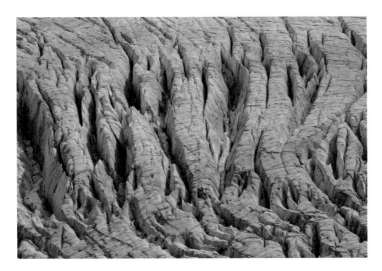

図14.4 冰川的裂隙——冰隙

説明：冰隙的深度往往很深，不慎掉入的話是萬劫不復。

資料來源：NOAA.

▶ 14.3.3 天體的光線

在北極地區，從天體（例如月亮和星星）發出的光看起來遠比在中低緯度地區要強烈得多。在良好的晴空下，甚至連星光都能產生照明作用，只有在陰天情況下北極的夜晚才會特別黑。

14.4 天氣危害

北極地區不會有中低緯度那種狂風暴雨，對飛航安全危害較大的天氣主要是和能見度有關的，特別是和冰雪相關的天氣。

▶ 14.4.1 霧及冰霧

夏季在北極海岸地區可能出現普通的水滴霧。冰霧（ice fog，但英文名稱有多種別名，如ice-crystal fog, frozen fog, frost fog, frost flakes, air hoar, rime fog, pogonip）則是在氣溫極低時，由過冷水滴直接轉化成冰晶而成。冰霧的組成分子是懸浮空氣中的冰晶，一部分直徑可以達20-200 μm左右，但一般都在12-20

µm左右，尤其是在濃冰霧的情況。冰霧通常在高緯度晴朗而平靜無風又極冷的狀況下發生。太陽光透過冰霧有時會出現日暈的現象（見圖8.5），冰霧一般並不厚，通常看起來透明，但面向陽光時能見度會較低。它們很少在暖於-30°C的天氣裡發生，但發生機率隨著氣溫變冷而增大，到了-45°C則是只要附近有水氣來源就一定會發生。這裡所謂的水氣來源可以是海洋水面、急流（所以不會凍結）的河川、動物群（身上水分蒸發進入空氣中）、燃燒木柴取暖時產生的水氣、汽車、飛機等。在比-30°C暖的天氣時，這些水氣來源會造成蒸汽霧，而當溫度降低時，蒸汽霧就可能變成冰霧。

▶ 14.4.2　吹雪及低吹雪（blowing snow and drifting snow）

在秋季及冬季，封凍的北冰洋面及沿海地帶常有強風，會刮起吹雪及低吹雪。吹雪我們之前就提過了（見第9章），低吹雪則是與吹雪有關，是降雪分布的不均勻或是地面的強風造成雪深的不均勻。在極地的降雪通常非常乾燥，與中緯度的降雪會有相對的潮濕表面（所以常會黏在一起成團）有所不同。這樣乾燥的雪只要一點微風就能把它們吹得離地好幾呎，突然的一陣稍強的風會將原來一望無際的能見度在幾分鐘之內降到幾近於零！在北極地區，這種無預警的能見度突降經常發生。

▶ 14.4.3　霜

在北極地區，霜在春、秋、冬三季都可能發生。

▶ 14.4.4　白濛天（whiteout）

在北極地區的春季與秋季，太陽只稍高於地平面。當天空有一層薄雲出現在冰雪覆蓋的地面時，太陽光穿過雲層被散射到四面八方，然後又被地面的冰雪以各種角度散射回雲層，雲層又將這些光再反射回地面，如此來回無數次的散射反射會把所有的陰影抹消，結果是景物的深度感消失了，建築物、人物、任何暗色的物體都像是漂浮在空中，背景像是一片白板，而地平面在何處完全看不出來。其實這種景象在別的地方也會出現（圖14.5），只是極地更強烈些。

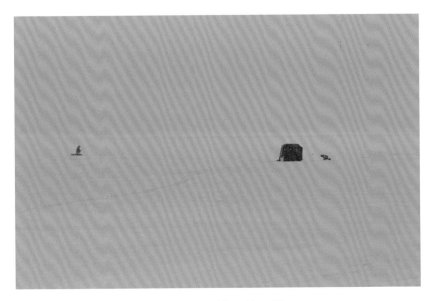

圖14.5　白濛天的一例

資料來源：王寶貫拍攝於美國威斯康辛州麥迪遜。

第 15 章
太空天氣

15.1　簡介

　　太空天氣指的是，太陽與地球的電離層、磁層與熱氣層之間相互作用的過程所產生的一些現象。雖然目前民航飛機並沒有飛到這些高層大氣的層次，但是在這些層次裡所發生的一些物理現象卻會多少影響了飛航，因此我們有必要了解一下這些過程。關於這些高層大氣的基本物理結構，在第1章已經有介紹過了。

　　我們知道，太陽是地球天氣過程的能量總來源。但太陽除了供應這些來源之外，也放射了一些與地面天氣過程沒有直接相關的能量及粒子，其中大部分是在連續不斷地放射中（例如太陽風），也有爆發性（eruptive）的放射：例如閃焰[87]（solar flares，圖15.1）及日冕巨量噴發[88]（coronal mass ejection, CME，圖15.2）。這些爆發性的現象是不定時偶然發生的，而當它們發生時，地球上可能發生相應的無線電中斷（radio blackouts）、磁暴（magnetic storms）、電離層風暴（ionospheric storms）、太陽輻射風暴（solar radiation storms）等擾動現象。

　　除了由太陽發射出的這些高能粒子之外，還有從宇宙更遙遠處發射的銀河宇宙射線（galactic cosmic rays, GCR）也會進入地球空間造成不少擾動。這些「射線」其實都是些高能帶電粒子，它們很可能是遙遠的超新星[89]發射出來的粒子，能量比太陽發射的粒子更高，但是數量較少，是一股穩定而較稀少（猶如毛毛雨

---

[87] 閃焰是在太陽的盤面或邊緣觀測到的突發閃光現象，它會釋放出高達$6×10^{25}$焦耳的巨大能量，大約是太陽平常每秒鐘釋放總能量的六倍，或相當於$1.6×10^{17}$噸黃色炸藥爆炸能量。

[88] 日冕巨量噴發是由太陽的日冕拋射出巨量的物質——基本上是電子和質子組成的電漿體——到太陽風中，它們可能隨著太陽風擴散至行星際太空。它們常跟強烈太陽活動有關（例如日閃焰），但似乎又非直接關係。

[89] 超新星（supernova）是一種恆星爆炸後形成的天體，它們必須是由比太陽質量更大的恆星在演化過程中產生爆炸而成。它們爆炸時，釋放出巨大能量，包括高能帶電粒子，即是本章所討論的GCR；著名的蟹狀星雲（Crab Nebula）即是超新星的遺骸。

一般）一直在轟擊地球空間的粒子流，也會引起太空天氣的變化。

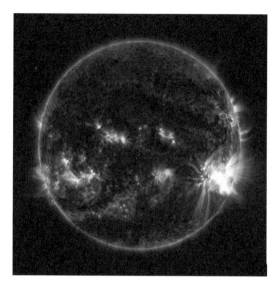

圖15.1　太陽閃焰

資料來源：NASA.

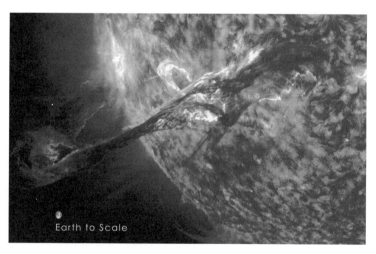

圖15.2　日冕巨量噴發（左下角的小藍球是地球的相對應大小）

資料來源：NASA.

　　由太陽和GCR發射來地球的粒子就是地球所接受的總輻射劑量（radiation dose）——這裡所說的「輻射」是指「游離性輻射」（ionizing radiation），即是

一般所謂的「放射性」的輻射，而不是之前所討論的太陽光或紅外線那一類非游離性輻射。游離性輻射的能量比一般可見光要高很多，因此對人體更為危險。

　　GCR的通量（flux）和太陽活動有關。太陽活動有一個明顯的11年的週期，通常用太陽黑子數來衡量（見下面的討論）。黑子多時，太陽活動強；黑子少時，太陽活動弱。GCR在太陽活動弱時通量比較大，而在太陽活動強時通量比較小，因為太陽活動會阻止了GCR接近地球。

15.2　太陽的能量輸出和變率

　　太陽雖然常被認為是一顆穩定的恆星，但是它的能量輸出其實還是有變化的，所以我們上面提到的穩定的太陽風及爆發性的輻射等也同樣會隨著時間改變，這就是我們所說的變率。太陽的爆發性輻射的週期約11年，有時略長，有時略短；而這個週期的衡量標準就是太陽黑子數。太陽黑子（sunspots，也譯作日斑）是太陽光球上面出現的黑色斑點（圖15.3、圖15.4），它們所在的地點代表太陽表面上溫度比較冷，但磁場卻較大的地方。太陽黑子多代表太陽磁場活動很活躍，黑子少代表太陽較不活動的情況。

圖15.3　太陽光球上的日班（即太陽黑子）

資料來源：NASA.

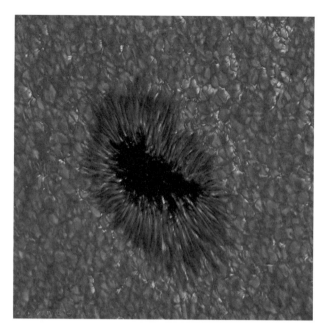

圖15.4 黑子及其附近地區的詳細結構

說明：中央的黑色是由於溫度比周圍冷之故，由黑色部分向外延伸出來的纖維狀物體是太陽表面物質沿著強烈磁場排列的結果。

資料來源：NASA.

把黑子出現的數目統計出來，就會看到這數字有一個大約是11年的週期（圖15.5）——這就是所謂的「太陽活動週期」。上面說過，這個週期也是有變化的。人類很早就觀測到太陽黑子[90]，不過早期記錄斷斷續續，近幾百年的記錄相對完整。

至於其他的現象，如GCR，CME等等就很難用肉眼觀測了，需要用現代儀器才行。

---

90 世界公認最早的黑子紀錄是《漢書‧五行志》中的記載，「成帝河平元年……三月己未，日出黃，有黑氣大如錢，居日中央。」（西元前28年）

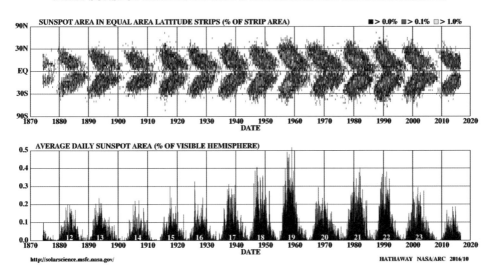

圖15.5 太陽活動週期現象。（上）黑子出現的緯度隨著時間的變化圖。（下）與上圖對應的黑子數目隨時間的變化圖。

說明：一個大約11年的週期的典型變化大致如下：從太陽活動極小期，黑子數量少，且大都出現在太陽較高緯度，隨著太陽活動增強，黑子數目增多，且逐漸布滿中低緯度。過了高峰期後，黑子數目漸減，但仍逐漸移向赤道兩側，涵蓋面積也減少，直到下一輪週期再開始。

資料來源：NASA.

15.3　太陽風

　　太陽風是一種源源不絕一直從太陽周邊向外送出的帶電粒子，它們就像地球大氣的空氣分子一樣吹出去，所以稱之為風。太陽磁場也同時隨著這些帶電粒子一道往外送出，這些帶電粒子和磁場組成電漿（plasma）。太陽風的起因是因為日冕的極高溫度（大約攝氏一百萬度），引起整個日冕向外膨脹擴張而造成的。

　　大部分的太陽爆發性擾動的能量就是依靠太陽風的機制往外傳送到近地空間（near-Earth space），唯一例外是閃焰所產生的光子——包括可見光及X光的光子，它們可以直接輻射到地球來。即使沒有爆發性事件，太陽風仍會源源不絕地吹到地球來給地球磁場補充電漿粒子。如果有爆發性事件發生，太陽風可能會很

猛烈而且吹得很快；但是如果它們來自「日冕洞」[91]（coronal hole）結構的高速粒子的話，也可能只是緩慢增強。

　　從地球上看，太陽的自轉週期約27天，所以上述的日冕洞如果生命期可長達數月的話，我們就能預期這個日冕洞約每隔27天就會掃過地球一次。

15.4　太陽的爆發性活動

　　多數的太陽爆發活動都來自太陽面上磁場較強的區域，而這些活躍區大都就是黑子的所在地。在太陽極大年（solar maximum，即太陽活動最強年）這種活躍區就很多，而在太陽極小年（solar minimum），這種活躍區就很少。

　　閃焰和CME是太陽爆發的兩種主要型態，既能單獨發生也能一起發生。閃焰發生時亮度非常亮，地面觀測就能看到，所以在一百多年前就有人觀測過了，它持續的時間一般只有幾分鐘。近50年來多半用配有氫─阿爾法譜線（hydrogen-α或H-α譜線，波長656.3 nm）過濾裝置的儀器可以更清楚地觀測閃焰，閃焰發生時可以發射出所有波長的電磁波，從無線電波到可見光到伽瑪線都有。

　　CME就比較難以觀測，所以在人造衛星觀測發達之前，我們對CME不怎麼了解。CME不怎麼亮，而且往往好好幾個鐘頭才能看到它們完全從太陽上爆發出來，其實就是一大片日冕被從太陽往外拋送出來。閃焰發出的總能量和CME相去不遠，但CME對地球磁場擾亂的能力卻比閃焰大得多，已知的最強烈的磁暴都是CME造成的。不過一個CME事件從太陽傳到地球的時間可以短於一天，也可以多於四天。反之，閃焰的影響是立即的，它們的射線是以光速進行的，只要一發生，8分鐘左右立刻會影響地球朝向太陽的（即是白天）那一面。

　　閃焰和CME發生的頻率基本上就是隨著太陽週期而變，太陽活躍期頻率高，太陽寧靜期頻率低。在極大期，閃焰可以多達每天25次左右，而在極小期，大概要6個月才會有25次閃焰。CME次數少些，在極大期約每天5次，在極小期則約每個星期一次或更少。有很多從太陽上拋出的CME並沒有朝向地球而來，

91　日冕洞是太陽的日冕中能量和氣體比平均密度低（因而溫度較低）所形成的黑暗區域，它是太陽日冕中的一部分，太陽粒子會從該地區以較高的速度逃逸。

而是被拋到其他的太空中去了。

15.5　近地太空（Geospace）

　　近地太空指的是在太陽風中被地球磁場所影響的那一片空間（圖15.6）。從此圖中，我們看到，近地太空基本上就是被一個弓形震波區域（若是三維圖像，應類似一個錐形）所包圍的空間，地球位於其內，其實這就是我們在第1章提過的磁層（magnetosphere）。地球磁場的磁力線從地磁的南北兩極出入地球內部，同時也在近地太空內伸展，但面向太陽和背向太陽兩邊的磁力線分布並不對稱。面向太陽（白天）這邊的磁力線受到太陽風的壓縮，導致其邊界大概伸展到離地球10倍地球半徑左右的距離；而背向太陽（夜晚）面的磁力線（磁尾區，magnetotail）可以伸展到離地球非常遠。在兩側的磁層邊界大約離地20個地球半徑的距離。

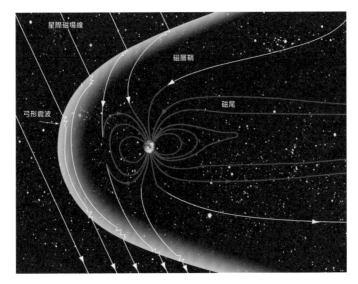

圖15.6　近地太空的結構示意圖

資料來源：NASA.

　　磁層的整體形狀也很像一顆拖著長尾巴的彗星，這個彗星狀的太空繭的外面全是太陽風吹拂的空間。在活躍期，太陽風強的時候，尾巴可以伸展得非常遠；在寧靜期則伸展較少。磁層猶如地球的一個保護殼，大部分的太陽風粒子能量會

被磁層的磁力偏轉掉而不會直接進入地表，但會有一部分被近地太空系統所吸收。當太陽活動便強時，CME可能發生，帶來額外的能量，擾亂了原來的磁層結構，造成了「磁暴」。不過這些擾動只是暫時性的，磁層終究會自動調整（經過一些物理過程）而最終又恢復正常狀態。

　　極光（aurora，圖1.9）是一種在磁層中發生的天象，南北兩半球的天空都可能發生，在北半球發生的叫北極光（aurora borealis），在南半球發生的叫南極光（aurora australis），是太陽風的能量傳送給地球磁層的最顯著鐵證。太陽發射出的加速電子會循著磁力線來到地球的極區上空，在高層大氣轟擊並且把能量傳給了其中的氧原子及氮原子及其他分子。大氣粒子接受這些能量之後會暫時被激發到一些能量較高的激發狀態中（excited states），但不久之後就會在落回他們原來較低能量的位階中。在落回低能量狀態時，這些大氣粒子會把獲得的激發能量以光的方式釋放出來，這就是極光。這種能量傳輸過程平常日子就一直在進行，有時強些，有時弱些。太陽風的能量越強，它們傳給大氣粒子的能量也會越多，極光看起來會更明亮，而且分布範圍也會越廣。通常極光都在北極圈附近一個橢圓形地帶稱為**極光橢圓**（auroral oval）的上空發生（圖15.7），但是當太陽活動強時，極光帶會擴展到低緯度地區，因而在緯度40°甚至更低都能見到。

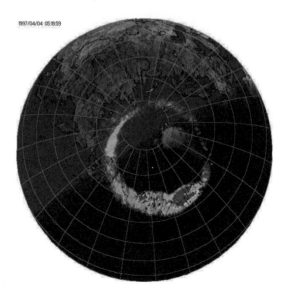

圖15.7　1997年4月4日NASA極地衛星所觀測到的極光橢圓地圖

圖片來源：NASA, Polar/UVI Team, George Parks.

　　磁層是伸展到近地太空的邊緣，而在更靠近地球的層次有一層和磁層的低層有些重疊的大氣層是**電離層**（見第1章），大約從80公里的高空開始一直到好幾個地球半徑為止的高度。這一層裡有較高密度的游離狀態的電子和離子參雜在中性大氣原子或分子之中。電離層是怎麼來的？它主要是太陽的極紫外光（extreme ultraviolet, EUV）的光子碰撞大氣分子原子使它們產生游離而造成的。這些電子和離子參與一些高層大氣的化學過程，這些過程在電離層低層尤其迅速。

　　電離層從白天到黑夜變化很大，因為晚上那一邊的電離層低層是太陽光照不到的，照理是不應有游離作用來產生電子和離子的，但是因為有一些化學反應和動力過程，仍然會使得有些離子和電子存活下來，而到了第二天白天來臨，EUV又會製造一些新的離子電子來。太陽活動會影響EUV，所以當然也就會影響電離層，對它產生改變。

15.6　　銀河宇宙輻射

　　這其實就是我們前面提過的銀河宇宙射線GCR，它們是來自遙遠的宇宙深處的超新星爆炸發射出而進入到太陽系的空間內的帶電粒子（例如電子、質子、其他重離子等）。GCR的數量和太陽週期強度成反比，在太陽活動極大期，GCR被太陽強烈的磁場及太陽風所阻擋，所以此時它們的濃度小；在太陽活動極小期，GCR不受阻擋，它們在近地太空的濃度會增大了約30%。當GCR進入地球大氣層後，它們會造成一連串的連鎖反應，製造出許多二次粒子（secondary particles），其中包括中子；而中子由於不帶電，容易射進到地表來。

15.7　　磁暴（**Geomagnetic Storms**）

　　磁暴是地球磁場被太陽風影響而產生的強烈擾動，而這個擾動會影響了地面上的很多活動、科技裝備系統以及重要基礎設施。從太陽送出的擾動，例如CME，到達近地太空後，也當然會改變了地球磁場的結構形狀，在這改變和最終恢復原狀的過程中就產生了地磁的強烈擾動。最明顯的徵兆就是，磁暴會使得平常發生的極光更光亮，而且發生地區會更向低緯度擴展。

　　磁暴發生的期間長度大都是幾天左右，極強的磁暴可以維持到接近一個星期

的擾動。有時候會有一連串的CME發生，此時磁暴就會延續一段較久的時期。

雖然磁暴頻率通常和太陽活動呈正相關，仔細分析會發現它其實會有兩個高峰期。一個高峰期當然發生在太陽活動極大期，因為此時CME事件最為頻繁；另一個高峰期會出現在太陽活動消退期，因為此時的高速太陽風的粒子流會較強。不過，最強的磁暴還是發生在極大期，而消退期的磁暴強度次之。

15.8　太陽輻射風暴

太陽輻射風暴是當從太陽發射出的大量粒子——主要是質子（太陽的主要組成成分是氫，氫原子游離化後，電子離開原子，只剩下一個原子核，就是質子）被太陽表面附近的一些過程加速後，侵入而且布滿了近地太空區域而造成的現象。這些高能的帶電粒子可能對人體產生極大的輻射傷害，也可能使電子用品發生**單事件翻轉**[92]（single-event upsets, SEU/single-event errors, SEE）的故障。在高空飛行的飛機遭受到太陽輻射風暴的機率較大，其航電系統遇到這類風險也較高。在平時，地球磁場及大氣層會偏轉或阻擋了這類輻射，保護了在較低的大氣層進行的人類活動。但高度和緯度越高，擾動磁場越大，這種保護作用也就越低。高度越高，空氣越稀薄，無法阻擋大量輻射，所以較為危險，這很容易了解。緯度高的危險則是因為地球磁場的磁力線在兩極地區是垂直往下與地面相接（見圖15.6），而且磁力線較密集代表地球磁場較強。帶電粒子會容易循著磁力線做螺旋運動降到兩極地區而產生衝擊。

太陽輻射風暴的期間長度和太陽爆發的規模及質子的能量等級有關，有些事件是爆發規模雖大但質子能量卻較低，這種風暴大概可維持一周左右。如果質子能量很高，則維持時間可能只有幾個小時。太陽輻射風暴期長變化很大，因為有很多因素會影響了朝向地球而來的帶電粒子的加速及傳輸。

太陽輻射風暴在太陽活動週期裡的任何時間點都可能發生，但靠近太陽極大年的那幾年頻率一般較高。

92　例如電子計算機CMOS中的電子元件中的電位狀態「0」變成「1」或「1」變成「0」，也翻譯為**單粒子翻轉**。SEU不會造成元件的物理性損傷，可參見Wikipedia, Article: Single-event upset。

15.9 電離層風暴

　　電離層可以算是磁層的內層，即最靠近地球的那一層，它之所以叫做「電離」，就是因為這裡的空氣粒子被太陽輻射及高能粒子游離化了的緣故。雖然它可以算是磁層的一部分，但是這一層有其特性，所以也常將之和更外面的磁層分開來檢視。電離層和磁層兩者緊密關聯，彼此連動耦合，會擾動磁層的太陽爆發也一樣會擾動了電離層。

　　而電離層風暴也是因為該層被大量的太陽粒子及輻射所侵入造成的，徵兆是層內電流突然增強，亂流增大，波動也更活躍。而平時分布較均勻的自由電子密度也變得不均勻起來，而是分別成堆。這種電子成堆分開的現象會使得電磁波信號通過它們時產生閃爍（scintillation）現象，會對全球導航衛星系統（Global Navigation Satellite System, GNSS）造成很大困擾。

　　電離層風暴的期長可從幾分鐘到一整天，它們和磁暴期長通常是相關的，磁暴長的話，電離層風暴也久些。它們的強度則會隨著當地時間、季節和太陽週期的時間點而變。

　　一般而言，電離層風暴發生的頻率和磁暴頻率很類似，但有一項重要的差別。在近赤道的電離層（大約地磁緯度南北緯10°之內）於日落後到近午夜時分的一段期間內會有極大的擾動，即使沒有磁暴也是一樣。這種擾動顯然和太陽活動的外在影響無關，而是電離層內部的電動力學機制產生的過程。這個現象很難做預報，而最好是以當地的氣候統計數字來敘述較好。

15.10 閃焰無線電中斷

　　無線電中斷事件主要是影響高頻（high frequency, HF, 3-30 MHz）的波段，但有時也會外溢波及極高頻（VHF, 30-300 MHz）以上的波段，造成信號衰減而無法接收到。無線電中斷是由於閃焰照射地球大氣的向陽（白天）面，在高層產生許多新的游離化粒子，因而電子密度增大。長程無線電通訊需靠電離層的反射無線電波才能傳送到目的地，但增大了的電子密度（尤其是在電離層D層）會把信號衰減，甚至吸收，而干擾了短波通訊。

　　這個過程的開端是來自閃焰發出的X光和EUV的光子射入大氣層，大量增加了90公里以下的電子密度。這些電子和中性分子相互作用，使得穿過此間的無線電波能量消減。大型的閃焰可以使得無線電訊號衰減到一般接收機無法收訊，因而產生中斷。向陽面的無線電中斷從X光和EUV到達時就會開始，當這些光子過去後，無線電通訊就能恢復。一般的中斷大約是幾分鐘，但嚴重的可能會有幾個鐘頭。

15.11　太空天氣對航空器運行的影響

▶ 15.11.1　通訊

　　在中低緯度越洋飛行的航空器必須使用HF（高頻）來通訊，因為海洋廣大，相隔甚遠的飛機會被地球的球面曲率阻隔，導致直線進行的VHF通信無法進行，但波長較長的HF訊號可以順著地球曲率繞行而達到對方。一旦有閃焰事件發生，HF信號可能衰減、嘈雜或甚至中斷。如上所言，這個時間通常持續幾分鐘到幾小時之久，閃焰事件過去後通信很快就會恢復。但是在高緯度及極區運行的航空器會遭遇由其他太空天氣事件引起的更長期的（有時候好幾天）的HF通訊問題，因為那裡的高層大氣是帶電粒子的沉匯，它們在那裡改變了當地的游離狀態和離子密度梯度，也增強了對電波的吸收。

　　當今的衛星通信信號會穿越電離層，是遠距通訊頗為流行的方式。通常衛星通信的波段頻率很高，所以對這波段而言，電離層基本上是透明無阻的。不過當電離層被太陽活動擾亂而變得不均勻的時候，上述提過的閃爍現象也會發生。此時衛星信號上會多了一些忽強忽弱而位相會變來變去的雜訊，大大擾亂了通信。

▶ 15.11.2　導航及全球定位系統（global positioning system, GPS）

　　太空天氣狀況會影響GPS的正常運作：（1）它會增加GPS計算距離的誤差；（2）它會造成GPS接收器的失鎖（loss-of-lock, LOL）；（3）它會造成太陽無線電雜音而遮蔽了GPS信號。

▶ 15.11.3　機組人員與乘客的輻射曝露風險

在某些情況下，太陽輻射風暴可能會增加飛機的機組人員及乘客曝露在較高劑量的輻射中。這個風險對在極區高空飛行的人員是最大的，對於在中低緯度的飛航而言，這個風險倒是不太嚴重。

▶ 15.11.4　輻射對航空電子的作用

航空器上的航電系統的元件都可能受到宇宙射線、太陽粒子及二次粒子的損害。現在的元件越來越小，因此遭受輻射損害的可能性會越來越高。

參考文獻

- 王寶貫（1996），《雲物理學》。台北：國立編譯館。
- 王寶貫（2002），《洞察：科學的人文觀與人文的科學觀》。台北：天下文化。
- 衛生福利部疾病管制署（2012），〈高山症〉。https://www.cdc.gov.tw/Category/ListContent/wL- 8Abm9o5_5l4gSOR8M5g?uaid=Csksrnww6dJKa8if66If5g
- Cullis, Patrick and Chance Srerling et al. (2017). "Pop Goes the balloon! What Happens when a Weather Balloon Reaches 30,000 m asl?" *Bulletin of the American Meteorological Society*, 98(2): 216-271. DOI: 10.1175/BAMS-D-16-0094.1
- Fujita, T. Theodore (1985). "The Downburst, Microburst and Macroburst." SMRP Research Paper 210, 122 pp.
- Sato, Kaoru (1992). "Vertical Wind Disturbances in the Afternoon of Mid-summer Revealed by the MU Radar." *Geophysical Research Letters*, 19(19): 1943-1946.
- Stromeyer, C. E. (1908). "The Isothermal Layer of the Atmosphere." *Nature*, 77: 485-486.
- Wang, P. K. (2003). "Moisture Plumes above Thunderstorm Anvils and Their Contributions to Cross Tropopause Transport of Water Vapor in Midlatitudes." *J. Geophys. Res.*, 108(D6). Doi: 10.1029/2003JD002581
- Wang, Pao K. (2013). *Physics and Dynamics of Clouds and Precipitation*. Cambridge: Cambridge University Press.

本書經成大出版社出版委員會審查通過

航空氣象學

著　　者｜王寶貫

發 行 人　蘇芳慶
發 行 所　財團法人成大研究發展基金會
出 版 者　成大出版社
總 編 輯　徐珊惠
執行編輯　吳儀君
地　　址　70101台南市東區大學路1號
電　　話　886-6-2082330
傳　　真　886-6-2089303
網　　址　http://ccmc.web2.ncku.edu.tw

排　　版　菩薩蠻數位文化有限公司
印　　製　方振添印刷有限公司
初版一刷　2023年7月
定　　價　680元
I S B N　978-986-5635-85-5

政府出版品展售處
‧國家書店松江門市
　10485台北市松江路209號1樓
　886-2-25180207
‧五南文化廣場台中總店
　40354台中市西區台灣大道二段85號
　886-4-22260330

國家圖書館出版品預行編目（CIP）資料

航空氣象學/王寶貫著. -- 初版. -- 臺南市：成大出版
　社, 2023.07
　　面；　公分
　ISBN　978-986-5635-85-5（平裝）
　1.CST: 航空氣象
　447.56　　　　　　　　　　　　　112009669